KB070691

HAUM

인구절벽 시대의

한국군 병력충원과 정책혁신

향후 30년까지의 병역 환경에 적합한 병력 충원 모델 제시

송윤선 지음

머리말

미국의 경제전문가 해리덴트(Harry Dent)는 그의 저서 『2018년 인구절벽이 온다(The Demographic Cliff)』(2014년)에서 전 세계적인 고령화 현상의 문제점을 지적하며, 어느 시점부터 절벽과 같이 갑자기 젊은 층의 인구가 떨어질 것이라고 예견한 바 있습니다. 세계은행(World Bank)은 한국의 생산 인구가 2040년까지 15% 이상 줄어들 것으로 전망하고 있습니다. 2019년 한국인의 신생아 수는 30만 3,100명으로, 출산율 1명 이하로 떨어진 지구상의 첫 번째 국가가 되었습니다. 이러한 추세로 볼 때 한국 사회의 인구 감소 시점은 통계청 예측보다 훨씬 앞당겨질 전망입니다.

한국의 병역 가용인구도 급격히 줄어들어 2022년 이후부터는 우리가 필요로 하는 병력 규모를 충원하는데 제약을 받게 되며, 전환복무나 대체복무를 완전히 폐지하더라도 2035년부터는 계획된 병력 규모를 더 이상 유지할 수 없게 될 것으로 보입니다. 특히, 가장 큰 영향을 받게 되는 조직은 대규모 징집병 중심의 병력 구조를 지닌 육군일 것입니다. 따라서 지금까지 유지해오던 병력 충원방식과 인력 관리 방법의 개선은 물론이고, 군 구조, 교육 훈련, 작전 개념, 무기체계 개발, 군수지원 방식 등 전 분야에 걸친 미래 한국군 운영 방식의 일대 혁신이 필요합니다.

이러한 관점에서 본 연구는 향후 30년까지의 인구 구조, 경제 상황, 사회 환경 등의 병역 환경에 적합한 병력 충원 모델을 제시하고 인구절벽 시대와 과학기술 혁명 시대에 필요한 몇 가지 혁신적인 정책 제안을 하고자 하였습니다. 본 연구가 앞으로 닥칠 인구절벽 시대를 우리 군이 슬기롭게 대처하고, 인구절벽을 오히려 선진적인 정예군으로 도약하는 계기로 삼는 데 도움이 되었으면 하는 바람입니다. 또 관련 분야에서 정책을 입안하거나 관심을 가지고 계신 분들께 좋은 참고가 되었으면 합니다. 끝으로 본 연구 간 다방면으로 도움을 주신 군내·외 전문가 여러분들께 감사드립니다.

2020년 5월

송 윤 선

ABSTRACT

The Recruitment and the Policy Innovation of the Korean Military in the Demographic Cliff Era

With the demise of Cold War in the early 1990s, many nations had turned from conscription toward volunteer military system. Just a few nations at risk of national security, such as South Korea and Israel, still maintain conscription. But there is a growing concern recently in South Korea for volunteer military system, with doubts as to whether the existing conscription system can work properly in the near future. Actually, our society is anticipated to lack human resources available for conscription to keep the standing Korean military force from 2035. It demands on fundamental review on whether the Korean military force maintain the current recruitment system or not in the future. In this sense, this research builds 3 models which we can consider as alternatives to effectively cope with the upcoming demographic cliff in South Korea and closely looks at the plausibleness of each model in terms of demography and economics.

• Model 1 is to recruit as many as 35,000 voluntary soldiers to set off the shortage of conscripts under the existing recruitment system. The model seems to be able to fulfill the number of soldiers needed to maintain the current size of the Korean military force, according to demographic estimates up to 2050. However, the big problem of this model is whether it can recruit 35,000 volunteers from the active-duty soldiers every year.

· Model 2 consists of 75 percent of long-term professional military personnel and 25 percent of volunteers. It is to recruit 58,000 noncommissioned officers in long-term service and 85,000 volunteers with 3 year long service, substituting 303,000 conscripts of the existing manpower structure. This model will have financial burden for its application in 2020s, but have no financial problem after 2030 by virtue of the reduction of the manpower cost rate in total defense expenditure. Like Model 1, the major concern in applying this model is how many volunteers can be acquired.

· Model 3 consists of all professional military personnel in long-term service. It is similar to the organizations of governmental officials including the Korean National Police. It demands total 298,000 military personnel which may be available to be recruited from the future population. However, the cost for its adoption will be as much as over 50 percent of total defense expenditure a year. It can be chosen as a plausible alternative after 2040 when the rate of manpower cost will go down under the current level. In conclusion, the Korean Army needs the bold shift in its recruitment system and personnel management under the upcoming demographic cliff, the changes of people's consciousness about military service, the development of science and technology and so on. The Army also had better turn from the unskilled conscripted soldiers-centered and labor-based manpower structure to the professionals-centered and technology-based to leap up to the advanced army armed with high-technologies. These need several preconditions of policies. First, we need to improve the job effectiveness and proficiency by downsizing beginners among the army personnel and extending their service period up to the age of 60. Second, we need break down barriers to status between officers and noncommissioned officers, by institutionally permitting noncommissioned officers to be promoted to ranks in officers until the retirement age. Third, like the organizations of governmental officials, the military personnel management should be changed to the open system, which induce qualified civilians' inflow into the military organization through the career recruitment, the dispatch service, and the employment leave. Forth, the Army is to outsource many parts of its business to private military companies(PMCs), resulting in saving soldiers and putting them into operations and combat. Fifth, the Army has to focus on developing the technologies for soldier's empowerment which will consequently reduce the needed number of soldiers. Last, in the volunteers recruitment system, the Army also has to consider how to obtain reserve forces preparing for the crisis in national security. This research recommends that all male civilians with no military career take military drills compulsorily by law for around 4 months and play roles as reserve forces for homeland defense.

목차

표 목차

그림 목차

용어 설명

병역제도	군대 유지에 필요한 병력을 획득하고 전시의 급격한 동원을 보장하기 위한 징집과 소집, 병역의 구분, 복무 연한 등에 관한 제도
병력 충원	부족한 병력을 채우는 행위
병력 구조	군대를 구성하는 인적자원의 계층·신분·계급별 규모, 분포, 구성 체계 등
군 구조	병력, 부대편성, 무기체계, 지휘체계 등 군 조직의 구성 틀
국민 개병제	국민 모두가 병역의 의무를 갖는 제도
의무병제	의무적으로 일정 기간 소집되어 병역의무를 이행하는 제도로서 징병제, 민병제를 아우르는 용어
징병제	병역 대상자 전원이 징집되어 현역으로 복무하는 제도
모병제	개인의 의지에 따라서 군 복무에 지원하며, 군대와 계약을 체결함으로써 병역을 수행하는 제도
직업군인제	군인을 직업으로 선택하여 국가적인 차원에서 직업적 안정성 및 생활 보장을 위한 보수를 지급
지원병제	강제가 아닌 개인이 자발적으로 군에 복무하는 제도로서, 모병제, 직업군인제, 용병제 등을 포괄적으로 아우르는 용어
징병·모병 혼합제	징병제를 기본으로 하면서 일정 비율을 지원병으로 충원하는 제도
유급 지원병	현역복무를 마친 병사가 소정의 급료를 받으며 일정 기간 연장 복무를 하는 제도
인구절벽	국가 인구 통계 그래프에서 급격하게 하락을 보이는 구간으로, 우리나라의 병역에 영향을 미치는 만 20세 남자의 인구절벽 시기는 2021~2026년, 2036~2042년이다.

합계출산율	가임 여성(15~49세) 1명이 평생 동안 낳을 것으로 예상되는 평균 출생아 수
병역 대상 인구	병역의무를 이행할 연령에 이른 한국의 모든 남자로서, 본 고에서는 주민등록상 만 20세의 모든 남자만을 지칭함
병역 가능 인구	만 20세 남자 인구 중 병역 면탈자, 행방불명자, 장교·부사관 후보생 등을 제외한 인구 (20세 남자 인구의 약 10%)
현역 가능 인구	병역 가능 인구 중 대체·전환 복무자를 제외한 현역병으로 입대가 가능한 인구
명목 경제성장률	물가상승률이 반영된 경상 가격을 그대로 적용한 한 나라의 1년간 국내 총생산(GDP)의 증가율
실질 경제성장률	기준 연도의 불변 가격을 적용한 한 나라의 1년간 국내 총생산(GDP)의 증가율
전력운영비	국방비 중 방위력개선비를 제외한 예산으로, 병력운영비와 전력유지비로 구성됨.
전력유지비	전력운영비에서 병력운영비를 제외한 예산으로, 교육훈련비, 시설비, 행정지원비 등으로 구성됨.
병력운영비	군인·군무원·국방공무원 인건비와 피복비·급식비에 해당하는 전체 금액
인력운영비	병력운영비와 같은 의미이나, 본 고에서는 특정 신분이나 대상에 한정된 인건비·피복비·급식비의 의미로 사용
국방개혁 2020	2020년을 목표로 노무현 정부에 의해 2006년 작성된 국방개혁 계획
국방개혁 2.0	2022년까지 현역을 50만 명으로 감축하는 것을 골자로 하여 2018년 작성된 국방개혁 계획

연구의 배경

2018년 한국의 신생아 수는 32만 6,900명으로 합계출산율이 처음으로 1명 이하로 내려가는 충격을 주었으며, 2019년에는 이보다 더욱 적은 30만 3,100명을 기록하는 등 매년 역대 최저 수준을 갈아치우고 있다. 이러한 한국 사회의 초저출산은 앞으로 수년 이내에 병역 자원의 급격한 감소로 이어지고, 이는 한국군의 병력 충원에 커다란 제약 요인으로 작용할 것임이 분명하다. 그 결과 머지않은 미래에 우리 군은 현재의 병력 규모와 구조를 유지하는 데 큰 어려움을 겪게 될 것으로 보인다. 2018년의 신생아 중 20년 후인 2038년 병역 대상 남아는 약 16만 명이 조금 넘는 수준이 될 것이며, 2019년 출생자 중 2039년에 병역 대상이 되는 남아는 15만 명에도 미치지 못할 것이다. 이 수치는 2019년 만 20세 남자 인구 32만 7,200명의 46% 수준에 지나지 않는다. 만일 20세 남자들이 예외 없이 모두 군에 입대하더라도 의무 복무 기간을 18개월로 가정할 때 최대 현역병 규모는 21만 명 이상을 유지하기 어려울 것이다. 이러한 미래의 실상은 우리가 원하든 원치 않든 간에 어쩔 수 없이 병력 감축이나 병력 충원방식의 혁신을 고민하지 않을 수 없게 만드는 강제 요인(push factor)이 될 것이다. 이에 따라 국방부를 비롯한 군 관련 기관은 조만간 닥칠 병역 자원 부족에 대비하여 다양한 대책을 마련하고 있으며, 보다 장기적이고 구조적인 차원에서 향후 20년 이후의 한국군 구조와 병역제도 혁신 방안을 검토하고 있다.

인구절벽에 따라 어쩔 수 없이 미래의 군 구조 혁신의 필요성이 제기되고 있기는 하지만, 한편으로는 장기 미래의 안보 환경 변화와 제4차 산업혁명이 고도로 발전하여 초지능·초연결 사회로 진입하는 미래의 사회 구조의 변화 속에서 미래 군 구조의 혁신은 어쩌면 자연스러운 모습일지도 모른다. 앞으로 20년 이후의 국제질서와 안보 위협의 실체는 현재와는 매우 다를 것이며, 이에 따라 전쟁의 성격과 본질도 변화할 가능성이 매우 크다. 또한, 인공지능, 로봇, 만물 인터넷 등이 보편화한 사회에서 인간의 역할을 인공지능과 로봇이 대행하고 전쟁 양상도 유·무인 복합전 형태로 전환될 것임을 고려한다면 현재의 병력 중심의 군 구조는 더는 적합하지 않게 될 것이다. 이러한 관점에서 볼 때, 미래에도 현재와 같은 대규모 병력을 유지하는 것이 과연 효과적일 것인지에 대한 본격적인 논의가 필요한 시점이다. 지금까지 한국 사회는 북한군의 대규모 병력과 재래식 전력에 대비하여 한국군도 이에 상응하는 병력 규모를 유지해야 한다는 입장이 우세하였다. 이러한 분위기 속에서 한국군, 특히 한국 육군은 병력 집약적 군 구조를 벗어나지 못하고 저비용·저효율의 군 운영 행태를 유지해오고 있다. 병력 규모는 세계 6위인데 반해, 1인당 유지비는 세계 62위라는 사실이 이를 시사한다.[1] 그러나 앞으로 한국 육군이 4차 산업혁명의 물결 속에서 첨단 과학기술로 무장된 선진국으로 도약하기 위해서는 현재의 대규모의 비숙련 인력보다는 첨단장비 운영에 적합한 소규모의 숙련된 전문인력이 필요하게 될 것이다. 최근에는 병사들의 의무복무 기간이 18개월로 단축되어 숙련병 획득이 더욱 불리해면서 병력구조 문제

1) IISS, Military Balance 2018

는 현실화하고 있으며, 앞으로 더욱 심각해질 것이다. 이런 의미에서 미래 첨단 육군으로의 전환에 필요한 전문인력 수요의 증가는 병역제도 혁신의 유인 요소(pulling factor)로 작용하고 있다.

향후 인구의 감소 외에도, 오늘날 한국 사회의 의식구조와 가치관의 변화는 현행의 병역제도에 대한 재검토를 요구하고 있다. 오늘날 개방사회가 되면서 그동안 폐쇄적이고 민간인들의 접근이 제한되었던 군 운영 분야에 대한 일반인들의 관여 의지가 증대되고 있다. 특히 가정 내 독자가 대부분인 요즈음, 군에 입대한 자식에 대한 부모의 관심이 높아지고, 사회적으로 생명과 인권 의식이 높아짐에 따라 병력 유지를 위한 군의 비용과 부담이 커지고 있다. 또한, 사회적으로는 최근 2018년 아시안 게임 우승선수에 대한 병역 특례 논란 사례[2]에서도 보듯이, 병역의 형평성 문제가 논란이 된 바 있으며, 양심적 병역 거부를 인정해달라는 요구 등이 끊임없이 제기되고 있다. 이러한 사회적 변화를 고려할 때 현재의 대규모 병력 집약적 군 구조를 운영하는 것이 과연 앞으로도 적절할지에 대한 논의가 필요하다. 이러한 사회적 인식 변화와 맞물려 최근 정치권에서도 모병제 문제가 중요 쟁점 사항으로 부각되고 있다. 2017년 대통령 선거 시 많은 출마자들이 모병제 도입을 선거 공약으로 제시한 바 있으며 정치권 등에서 빈번하게 모병제 문제가 등장하고 있다.[3] 모병제의 필요성은 인정하나 아직은 시기상조라는

---

2) 윤성민, "월드컵은 '16강', WBC는 '4강', 선물 주듯 마구 뿌린 병역 특례," 『중앙일보』 (2018. 9. 3.)

3) 남승우, "바른정당 유승민, 남경필 첫 토론...모병제·연정 공방," (KBS News, 2017. 3. 19). http://news.kbs.co.kr/news/view.do?ncd= 3447866&ref=A (검색일: 2019. 3. 10.)

국방부의 공식 입장[4]과 최근 청와대와 여당의 입장에도 불구하고 앞으로도 계속해서 정치권과 국민의 모병제 도입 주장은 지속될 것이다.

이러한 상황을 고려할 때, 앞으로 언젠가는 한국군의 병력 충원방식의 전면적 혁신이 필요한 상황을 맞이하게 될 것이다. 따라서 지금부터라도 미래의 병역 환경을 면밀히 분석하여 이에 적합한 병력 충원방식을 구상하고 이를 적용하기 위해 지금부터 조금씩 준비해 나가야 할 것이다. 왜냐하면, 지금부터 계획적으로 준비하지 않으면 때가 되어 직면하게 되는 문제들에 효과적으로 대처할 수 없기 때문이다. 이러한 의미에서 본 연구는 조만간 도래할 인구절벽 시대에 대비하여, 향후 예상되는 한국 사회의 인구와 경제 수준을 고려한 현실적인 적정 병력 규모와 향후 첨단 과학기술을 기반으로 한 미래 육군으로 나아가기 위한 병력 구조와 충원 방법을 제시하고자 한다.

연구 범위와 방법

미래의 적정 병력 규모를 판단하기 위해서는 여러 가지 다양한 영향 요소들이 종합적으로 고려되어야 한다. 가장 먼저, 병력이 존재하는 근본 이유인 안보 위협의 정도를 판단하고 이에 대응하기 위한 전략개념이 수립되어야 하며, 이를 바탕으로 전력 수요와 군 구조가 설정되어야 한다. 적정 병력 규모와 병력 충원방안은 전력 수요와 군 구조의

4) 김관용, "정경두 국방장관, '종전선언해도 군대가야... 모병제 전환, 시기상조'," (이데일리, 2019. 1. 1.). http://www.edaily.co.kr/news/ead? newsId=02696166622353456&mediaCodeNo=257&OutLnkChk=Y (검색일: 2019. 3. 10.)

큰 틀 속에서 무기체계 등 다른 전력 구성요소들과 연계하여 검토되어야 한다. 또한, 이러한 과정에 영향을 미치는 인구 구조나 경제적 능력, 국민 의식 등의 환경적 요인들도 병력 규모 및 충원 방법 판단 시 고려되어야 한다. 그러나 적정 병력 규모와 충원 방법에 관한 판단 과정의 경로상에 존재하는 모든 영향요인은 대부분 불확실하고 가변적이라서 어느 것 하나 구체적으로 예측될 수 없기 때문에 이들을 모두 고려하여 적정 병력 규모를 판단하는 것은 사실상 불가능하다.

따라서 본 고는 병력구조를 결정하는 데 영향을 미치는 여러 가지 요인 중, 미래의 안보 위협 정도와 대응전략 개념 등 현시점에서 객관적 판단이나 결정이 곤란한 부분들은 가정으로 전제하여 상수화하고, 미래의 인구 추이나 경제 전망 등 계량화·객관화하기에 상대적으로 수월한 요인들을 적정 병력 규모 및 충원 방법 분석에 활용하였다. 따라서 본 연구는 미래 한국 사회의 인구 구조와 경제 요인을 기준으로 대안을 제시하는데 주로 중점을 두었으며, 미래 한국의 안보 위협에 따른 적정 병력 규모 소요나 충원방안에 관한 연구는 다루지 않는다. 미래의 안보 위협에 따른 적정 병력 규모 판단은 독립적이고 매우 광범위한 별도의 연구가 필요하기 때문이다.

본 연구는 문헌 조사, 전문가 의견 수렴 등 다양한 조사 방법을 활용하였다. 병역제도의 역사적 변천 과정과 병역의 종류, 세계 각국의 병역제도를 알아보기 위해 국내 및 해외의 문헌 자료들을 폭넓게 조사하였다. 미래 한국사회의 인구 동향, 경제 수준의 변화, 과학기술 변화에 따른 전쟁 양상 변화 등 미래 예측을 위해서 기존의 연구 자료 조사와 함께 소그룹 전문가 세미나, 국방 관련 연구기관 토의 등 분야별 민간 전문가들과 의견을 교환하였다. 모병제에 대한 일반 국민의 의식은 민간 설문 조사 전문기관의 2012~2019년 설문 결과를 참고하였으며, 모병제에 대한 현역군인들의 인식은 최근에 발표된 박사학위 논문을 인용하였다. 병력 충원방식에 관한 정책 제언 등에 대해서는 군의 관련 업무 담당자들 및 연구기관의 전문가들과 여러 차례에 걸친 토론을 거쳐 도출하였다. 연구 절차는 〈그림 1〉과 같다.

〈그림 1〉 연구 흐름도

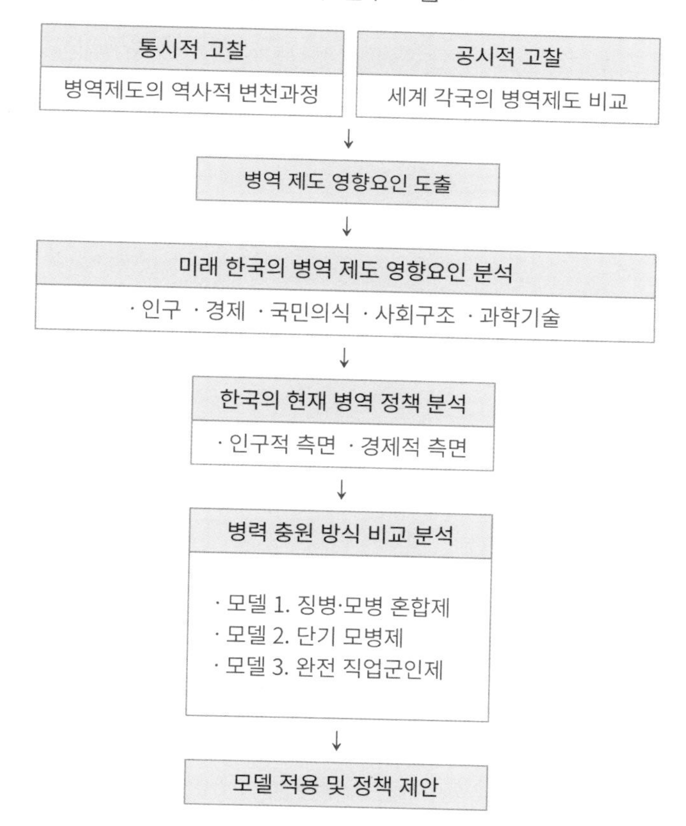

제1장

이론적 고찰

1. 병역제도의 시대적 변천

인류의 역사는 전쟁의 역사이다. 전쟁은 인류가 출발한 이래 작게는 이웃 간의 다툼에서부터 크게는 국가 간의 전쟁에 이르기까지 끊임없이 발생하고 있다. 각 국가 혹은 지배자들은 전쟁을 수행하거나 대비하기 위해 군대를 만들고 국민에게 군역을 부과하였다. 군대에 필요한 사람을 충원하는 방식은 그들이 처한 안보 환경과 사회적 특성 등에 따라 시대별로, 나라별로 달랐다. 오늘날 세계 모든 국가의 군사 제도가 대부분 유럽의 제도에 뿌리를 두고 있으므로, 본 연구는 유럽의 병력 충원 제도를 중심으로 시대적 변천 과정을 알아본다.

현대 서양문명의 근원으로 간주되고 있는 고대 그리스 도시 국가들은 도시의 모든 시민들에게 국방의 의무를 부여하였다. 대부분의 도시 국가들은 참정권을 가지고 있는 자유민들 모두가 참여하는 시민 군대를 운영하였다. 당시 군 복무는 스스로 무장할 능력을 갖춘 시민만이 누릴 수 있는 일종의 특권으로 간주되었다.[5] 특히 스파르타는 자유민 전체를 전사 계급으로 만들어 병영에서 생활하도록 함으로써 후세의 사가들이 스파르타를 "직업군인 공동체"로 일컬었다.[6] 이것은 한편으로 소수의 귀족 계급이 절대다수의 피지배 주민들을 통치하기 위한 수단으로 작용하기도 하였다. 7세 이상의 모든 스파르타 남아는 가정을 떠나 의무적으로 병영 생활을 하며 20세까지 아고게(Agoge)라는 군사교육 기관에서 훈련을 받고 이어서 30세까지 군 복무를 해야 했다. 제대 이후에도 60세까지는 예비군으로 전쟁에 동원되었다. 이들은

---

5) 이내주, 『전쟁과 무기의 세계사』 (서울: 채륜사, 2018.), pp. 19-27.
6) G. E. de Ste Croix, The Origins of the Peloponnesian War (London, 1972), p. 91.

인구의 20%가 군에 소집되었으며, 남자들의 경우 일생의 절반 이상을 병영에서 보내야 했다.[7)]

일반 시민과 군인의 구별이 명확지 않았던 그리스 국가들과는 달리 로마 제국은 전통 직업군인 제도를 발전시켰다. 로마 초기에는 군역 제도가 제대로 갖춰지지 않아 전시나 내란과 같은 국가적 위기 시에만 로마 시민들로 구성된 시민군 체제가 운영되었으나, B. C. 58년부터는 모병제를 바탕으로 직업군인들로 구성된 상비군 체제로 변화하였다.[8)] 상비군은 17~45세의 로마 일반 시민들로 편성된 정규 군단 외에도 식민지 주민들로 구성된 보조군(Auxiliaries), 도시로마 주둔군(Urban cohorts) 등으로 구성되었다.[9)] 병사들은 통상 25년간 군에 복무하였으며, 보조군 병사들은 제대 후 로마 시민권이 부여되었다. 로마군의 장교는 귀족 출신의 군단 사령관(Imperial propraetor legate)과 천인대장(Tribune), 일반병사 출신의 백인대장(Centurio) 등으로 구성되었으며 이들은 모두 황제가 임명하였다.[10)] 로마 황제는 병력 충원을 위해 병사

---

7) 스파르타는 정복자인 자유민인 소수의 스파르탄, 다수의 피정복자(노예)인 헬로트(Helots)와 반(半)자유민인 페리오이코이(Perioikoi)로 구성되었다. 이중 자유민인 스파르탄만이 정치와 군역에 참여할 수 있었으며, 이들은 노예계급인 헬로트들로부터 지원을 받았다.

8) 조영식, "원수정기 로마제국 군대의 장교 운용체계," 『동국사학 50집』 (동국역사문화연구소, 2011), p. 302.

9) 아우구스투스 이후 제정 로마의 군대는 정규군단 125,000명, 보조군 125,000명, 해군 40,000명, 도시로마 주둔군 10,000명 등 총 300,000명의 규모를 일정하게 유지하였다. L. Keppie, The Making of the Roman Army (Norman: Lklahoma Univ. Press, 1998), p. 154.

10) 로마 군단은 약 4,500명의 규모로서 10개 보병대Cohors)로 구성되었다. 1개 보병대는 2개 중대(Manipulus)로, 1개 중대는 2개 백인대(Centuria)로, 1개 백인대는 80명으로 편성되었다. 군단에는 사령관 1명, 원로원 신분 천인대장 1명, 기사 신분 천인대장 5명, 백인대장 60명이 있었다. 원로원 신분 천인대장은 부사령관의 역할을 하였으며, 기사 신분 천인대장은 예하의 백인대장 12명(3개 보병대)을 지휘하였다. G. Webster, The Roman Impeiral Army (London: Adam and Charles Black, 1974), pp. 20-28

들에게 정규 봉급과 기부금, 퇴직금 및 토지 보상 등을 제공하였다. 로마 제국은 직업군인들로 구성된 강력한 로마군단 덕분에 200년간 '로마의 평화(Pax Romana)'를 향유하였으나 서기 3세기부터 물질적 풍요 속에 시민들의 상무 정신이 약화되고 병역 기피 현상이 만연하면서 쇠퇴의 길로 접어들었다. 결국, 로마 제국은 고갈된 병력 자원을 보충하기 위해 이민족 출신의 용병들을 군대에 받아들이게 되었다. 로마군 내에서 용병이 차지하는 비율이 높아지면서, 이는 로마 제국 몰락의 결정적인 원인이 되었다.

로마 제국이 몰락한 이후 중세 유럽은 교황을 중심으로 하는 종교의 힘이 지배하던 시대로서 국왕이나 영주들이 독자적으로 군대를 보유하는 것이 제한되었다. 이러한 특수한 상황에서 등장한 것이 기사제도였다. 봉건제하에서 기사들은 신분을 보장받는 대신 국왕이나 영주에게 군사적 노동력을 제공했다. 이때 기사는 국가가 아닌 영주에게 개인적으로 귀속된 사병(私兵)으로서, 직업이라기보다는 사회적 신분 또는 계층으로서의 성격이 강했다. 하지만 상업이 점차 발달하고 상인들의 영향력이 커지면서 다시 용병제가 부활하였다. 상인들은 무역과 금융업을 외부의 위협으로부터 보호하기 위해 용병을 고용하기 시작했다. 기존의 기사제도가 신분제를 기반으로 했던 반면 용병은 금전적 계약관계에 의해 이루어졌기 때문에 용병들의 모집과 운용이 훨씬 용이했다. 이러한 장점으로 인해 이탈리아의 상업 도시국가들은 전쟁에 필요한 인력을 기사 대신 용병들로 충원하였으며, 이것이 점차 전 유럽으로 확산하였다. 17세기까지 유럽의 대부분 국가들은 용병으로 군대를 조직하였으며, 30년 전쟁(1618~1648) 기간에 벌어진 전투는 거의 용병에 의해 수행되었다. 용병으로는 거친 자연환경에서 성장하여 정

신적, 신체적으로 강인한 특성을 지니고 있던 스위스 등 산악지역 출신들이 두드러지게 활약하였다.[11]

18세기 이후 절대 왕정의 근대 국가가 등장하고 점차 국가의 주권 개념이 확립되면서 용병에 의한 군사력 유지는 한계를 맞게 되었다. 금전적 계약으로 이루어진 용병들에게 이해관계 이상의 국가에 대한 충성심을 기대하기 어려웠을 뿐 아니라 주권 국가의 성격에도 맞지 않았다. 더욱이 신생 주권 국가들은 생존을 위한 영토의 보존과 확장을 위해 인접 국가들과 수시로 전쟁을 치러야 했다. 하지만 용병은 필요할 때만 한시적으로 고용되었고 국가가 필요로 할 때 즉각 동원하기 곤란한 문제를 지니고 있었다. 이로 인해 절대 왕정의 주권 국가들은 기존의 용병제를 언제든지 국가가 즉각 사용할 수 있는 상비군제로 대체하였다. 상비군의 지휘는 귀족 출신들이 맡았고 병사들은 장기간 복무하면서 국가로부터 급료를 받았다. 수만에서 수십만 명으로 구성된 상비군은 절대 왕정의 권력 기반을 강화하는 역할을 하였다.

1789년 프랑스 대혁명으로 절대 왕정이 무너지면서 국가 주권은 절대 국왕의 손에서 국민들로 넘어왔으며, 군대 역시 국왕이 아닌 국민의 군대가 되었다. 프랑스 의회는 1793년 총동원령을 선포하여 국민 군대(National Army)를 편성하였다. 국민 군대는 밑으로부터의 민족주의를 바탕으로 일반시민들이 스스로 시민권을 지키기 위한 열정으로 편성되었다는 점에서 절대 왕정에서의 상비군과 차이가 있다. 국민 개병제가 도입되면서 귀족 출신으로만 제한되었던 장교 계급이 시민들에게 개방되었고 보편적 징병제 시행으로 일정 연령대의 젊은 남성들

11) 조한승, "21세기 국가와 군의 관계변화 연구: 군인모델의 비교 검토," 『국제관계연구』 제18권 제2호 (2013), p. 105.

이 의무적으로 군대에서 병사로 복무해야 했다. 병역은 시민들이 스스로 정치적 참여를 증진하는 대가로 지불해야 하는 의무로 간주되었다.[12] 한편 프랑스의 국민 개병제는 많은 평민들이 장교집단으로 편입될 수 있는 통로를 열어줌으로써 중세부터 이어져 오던 신분제의 혼란을 초래하는 결과가 되었다. 코르시카 출신의 나폴레옹이 장교로 임관하여 쿠데타를 통해 권력을 장악할 수 있었던 것도 국민 개병제의 결과라고 할 수 있다. 프랑스의 징병제는 유럽의 다른 나라들의 관심을 불러왔다. 1814년 프로이센도 프랑스를 모방하여 징병제를 시행하였다. 그러나 프로이센의 징병제는 프랑스와는 달리 신분제를 그대로 유지한 채 국민 개병제를 통해 성공적으로 국민 군대의 시대를 열었다. 이어 유럽의 다른 국가들도 앞다퉈 징병제를 도입하게 되었고 이러한 추세는 20세기에도 계속되었다.

18세기 후반 영국에서 시작된 산업혁명이 전 유럽으로 전파되면서 대량 생산과 대중 동원이 쉬워졌으며, 이러한 사회 변화는 전쟁의 양상을 변모시켰다. 강력한 화력을 가진 무기의 대량 생산과 수십만 명의 대규모 병력 동원이 보편화되었다.[13] 이로 인해 국가의 형태를 불문하고 대부분의 국가들은 대규모 군대를 유지하기 위해 징병제를 선호하게 되었다. 특히 1, 2차 세계대전이 전 세계를 전쟁의 도가니로 몰아넣고 대규모 살상전의 형태로 전개됨에 따라, 병력의 대량 충원이 용이한 징병제는 세계 모든 국가들에 있어 보편적인 병력 충원 제도로

---

12) Margaret Levi, "Conscription: The Price of Citizenship," in Robert H. Bates, Avner Grief, Margaret Levi, Jean-Laurent Rosenthal and Barry Weingast (eds.), Analytic Narratives (Princeton: Princeton University Press, 1998), pp. 109-148. 조한승 p. 107에서 재인용.

13) Alvin and Heidi Toffler, War and Anti-War: Survival at the Dawn of the 21st Century (Boston: Little, Brown & Company, 1993). 조한승 p. 107에서 재인용.

자리 잡았다. 2차 세계대전이 종식되면서 캐나다(1945년), 영국(1960년), 룩셈부르크(1967년), 미국(1973년) 등과 같은 일부 국가들은 징병제에서 지원병제로 전환하였지만, 냉전 체제하에서 징병제는 여전히 세계적 대세를 이루었다.[14)]

1990년 초에 발생한 공산권의 몰락과 냉전 체제의 종식은 다시 세계적 차원에서 병력 충원 방식의 일대 변화를 불러왔다. 탈냉전을 계기로 많은 국가들이 징병제를 폐지하고 지원병제로 돌아서고 있다. 우루과이(1989년), 니카라과(1990년), 온두라스(1994년), 아르헨티나 (1995년), 페루(1999년), 칠레(2005년), 에콰도르(2008년) 등 많은 라틴 아메리카의 국가들이 지원병제로 전환하였으며, 네덜란드(1996년), 프랑스(2002년), 스페인(2002년), 이탈리아(2007년), 폴란드(2008년), 스웨덴·우크라이나·알바니아(2010년), 독일(2011년) 등 대부분의 NATO 회원국들이 징병제를 폐지하였다. 2017년 기준 28개국 회원국 중 오스트리아, 덴마크, 핀란드 등 5개국만이 징병제를 유지하고 있다.[15)]

21세기로 접어들며 그동안 대세를 이루던 징병제를 폐지하고 많은 국가가 지원병제를 선택하는 배경은 국가마다 다르다. 눈에 띄는 가장 큰 요인으로는 냉전의 종식을 들 수 있다. 제2차 세계대전 이후 20세기 말까지 미·소를 중심으로 첨예하게 대립하던 냉전 구도는 또 다른 대규모 전쟁의 가능성을 암시하였고 이로 인해 세계 각국은 대규모 병력 동원에 유리한 징병제를 여전히 선호하였다. 그러나 1990년대 초 동구권의 몰락 및 냉전 체제의 해체와 더불어 대부분의 서구 유럽 국

---

14) 조한승 (2013) p. 107.

15) 이중 스웨덴은 2010년에 징병제에서 모병제로 전환하였으나, 2014년 러시아의 크림반도 병합 등, 러시아의 신 팽창정책으로 인해 2017년에 여성에게까지 의무 복무를 확대하는 등 다시 징병제로 복귀하였다.

가들은 새로운 안보 환경에 효율적인 대응 체계를 마련하고자 군 개혁 프로그램을 추진하였다.[16] 냉전 체제의 해체는 동·서 진영 간의 대규모 전쟁에 대비해 그동안 유지하던 징병제의 필요성을 감소시킨 반면, 21세기를 전후하여 변화된 전쟁 양상은 지원병제의 필요성을 높였다. 20세기 말까지 지배하던 안보 위협의 형태가 대규모 전면전이었다면 21세기에는 국제적 테러와 국제평화 활동이 새로운 형태로 부각되었다. 국제적 테러와의 전쟁이나 국제 위기관리와 같은 군사적 임무의 증가는 군 운영을 위한 장비의 현대화와 인력의 전문화를 필요로 하였다. 이러한 인력의 전문화에 대한 압박은 상비군 규모의 축소와 더불어 병역제도를 모병제로 전환하는 직접적인 원인이 되었다.[17]

서유럽의 국가들과는 달리 아시아나 라틴 아메리카의 국가들은 군사적 요인보다는 군사 권위주의 붕괴라는 정치적 요인이 지원병제 결정에 더 크게 작용하였다. 제2차 세계대전을 계기로 세계 각국의 정치체제는 그 이전과 완전히 달라졌다. 아프리카, 아시아, 라틴 아메리카 등지에 많은 신생국들과 권위주의 군사 독재국가들이 대거 등장하였다. 이들은 국가의 권위주의 체제를 유지하고 군부에 의한 사회 통제를 강화하기 위해 군대의 규모를 확장하였으며 이를 위해 징병제를 시행하였다. 그러나 1980년대 후반부터 불기 시작한 세계적인 민주화 바람 속에서 많은 독재국가들이 민주화되면서 강력한 사회통제 수단이던 군의 권위가 상실되었고 새로 선출된 문민정부에 의해 징병제가 폐지되었다.[18]

---

16) 현익재, “유럽국가의 병역제도 변화와 배경,” 『주간 국방논단』 제1135호 (2007. 1. 22), p. 1.
17) 현익재 (2007), pp. 3-4.
18) 조한승 (2013) p. 108.

한편 이러한 요인 외에도 징병제에 대한 사회적 여론과 국민적 요구에 의해 지원병제로 전환된 경우도 있다.[19] 미국의 경우는 베트남전에 대한 국민적 불신과 거부감은 군의 일대 개혁을 불러 일으켰고, 1973년 지원병제로 전환되는 계기가 되었다.[20] 베트남 전쟁 자체를 거부하는 여론과 함께 징집 연기 및 거부, 무작위 징집 등 불공평한 병역에 대한 국민적 불만이 팽배하였으며, 사회의 각계각층으로부터 모병제의 요구가 비등하였다.[21] 중국과 대치하고 있는 대만의 경우도 지원병제 시행에 따른 많은 문제점에도 불구하고 국민적 여론에 따라 징병제를 포기하고 2018년 말 완전한 지원병제로 전환하였다. 오늘날 안보 위협의 감소와 더불어 전통적 시민권의 관념[22]이 바뀌면서 병역 형평성에 대한 문제 제기와 양식적 병역 거부 등이 사회적 쟁점으로 부각되고 있는 세계적 추세 속에서 한국에도 지원병제 도입에 대한 사회적 요구가 증가하고 있는 실정이다.

---

19) 김광식 (2012),"유럽 병역제도 변화에 따른 한국적 시사점," 『주간 국방 논단』 제 1401호 (2012. 3. 12.), pp. 2-5.

20) 미국은 닉슨 행정부 시기인 1971년 수정 병역법(Amendments to the Military Services Act of 1971)을 제정하여 모병제를 도입하였으며, 1973년부터 본격 시행하였다.

21) 베트남전 기간 동안 징집의 불공평성에 대한 Basker와 Strauss의 경험적 연구에 따르면, 1964년부터 1972년까지 징집 대상이었던 2,680만 명의 남성 중 약 40%만이 군에 복무하였으며, 나머지 60%는 징집 유예 및 면제, 위반 등으로 소집되지 않았다. 전쟁 참전자는 전체 남성의 8%인 250만 명에 불과하였다. Lawrence M. Baster and William A. Strauss, Chance and Circumstance: The Darft, the War, and the Vietnam Generation (Yew York: Knopf, 1978.)

22) 19세기 절대왕조가 물러가고 국민국가가 등장하여 시민들의 정치참여 권리가 증가하면서 군 복무는 시민이 마땅히 국가에 기여해야할 하나의 의무로 간주되었다.

2. 각국의 병역제도

미국은 역사적으로 지원병제를 기본 병역제도로 유지해 왔으며, 다만 전쟁 동안 한시적으로 징병제로 전환하였다. 1865년 남북전쟁 이후 지원병제를 유지하다가 제1차 세계대전이 발발하자 1917년 의무 병역법(Selective Service Act)을 제정하여 지원에 의해 병력을 충원하되, 부족 시에는 징병할 수 있도록 하였다. 이 법은 전쟁 종료와 함께 폐지되고 다시 지원병제로 환원되었다. 그러나 제2차 세계대전이 발발하자 1940년에 의무 훈련법(Selective Training Law)이 제정되어 다시 징병제가 실시되었다.[23] 징병제는 1945년 세계대전 종전 직후 잠시 지원병제로 환원되었던 기간을 제외하면 한국전쟁과 월남전으로 인해 1973년까지 지속적으로 유지되었다. 1973년 월남전 철수 이후에는 전원 지원병 체제(All-Volunteer System)로 전환되어 현재에 이르고 있다.

프랑스는 가장 먼저 징병제를 도입한 국가로서 18세기 후반에 징집병으로 구성된 국민 군대를 창설하였다. 이후 징병제는 두 차례의 세계대전을 거쳐 프랑스의 기본 병역제도로 최근까지 이어졌다. 1959년 드골 대통령은 병역법을 개정하여 일반 국민들의 병역의무를 비군사적 영역으로 확대하였다. 1971년 국민병역의무법(Code du Service National)을 제정하여 18~50세의 모든 성인 남자들에게 병역, 안전, 해외 협력의 세 분야 중 한 분야에 의무적으로 일정 기간 복무하도록 하

23) 김문성, "병역체계에 관한 비교정책적 분석: 남한, 북한, 미국을 중심으로," 『한국 행정학보 제25권 제3호』 (한국 행정학회, 1990.), p. 1026.23)

였으며,[24] 그 다음 해에는 18~27세의 여성들에게까지 국민 병역의무를 부과하였다. 1990년 냉전이 종식되자 프랑스는 1996년 그동안의 징병제에서 모병제로 전환할 것을 결정하고, 소수정예의 전문 직업군 및 첨단 기술군으로 탈바꿈하는 '국방개혁 2015'를 추진하였다. 현재는 '국방개혁 2015'에 이어 추가적인 병력 감축과 군 조직 재편을 위해 '국방개혁 2020'을 추진 중에 있다. 그 결과 1997년 57만 명이던 병력이 현재는 27만 명 수준으로 감축되었다.[25]

독일은 1957년부터 징병제를 도입하여 모든 남성에게 병역의무를 부과하였다. 도입 당시의 의무 복무 기간은 12개월이었으나 1962년부터는 18개월로 복무 기간을 연장하였다. 이후 복무 기간은 1972년부터 점차 단축되어 2011년 모병제로 전환되기 직전에는 6개월을 유지하였다. 냉전 중 서독은 50만의 병력을 유지하였으나, 냉전 종식 후 연방군의 주 임무가 국제 분쟁 해결을 위한 해외 파병으로 전환되면서 2011년에 25만 명 규모로 축소되었으며, 전원을 지원병으로 충원하였다. 현재 독일의 징병제는 완전히 폐기된 것은 아니며, 유사시에는 부활할 수 있도록 헌법상 규정은 그대로 유지하고 있다. 이전의 징병제는 남성만을 대상으로 하였으나 현재의 모병제는 남녀 모두를 대상으로 하고 있으며, 기간은 12~23개월로 하고 있다.[26]

---

24) 병역은 18~35세의 남성을 대상으로 하며 현역 군인으로서 1년간 군대에서 복무하는 것이며, 안전 업무는 50세 이하의 남성들이 민간인의 자격으로 1년간 치안, 소방 등의 분야에서 복무하는 것이다. 해외 협력 업무는 해외 의료, 불어 교사, 재외 공관 근무를 포함하여 개발도상국 등에 대한 기술 원조나 협력 활동에 16개월간 의무적으로 종사하는 것을 말한다. 정혜인, "모병제에 관한 비교법적 고찰," 『법조』 Vol.691 (법조협회, 2014. 4), pp. 88-89.

25) 문인혁, 이강호, "프랑스 국방개혁의 재평가와 한국군에 정책적 함의," 『한국군사학논집』 Vol. 72(1) (육군사관학교 화랑대연구소, 2016. 2), pp. 180-182.

26) 정혜인 (2014), pp. 90-94.

이탈리아는 냉전 기간 징병제를 유지하다가 2005년 1월부터 지원병제로 전환하였다. 그 이전까지 이탈리아는 공화국 헌법 제52조에 따라 국가방위를 국민의 신성한 의무로 규정하고 18세 이상의 남자에게 10개월간의 병역의무를 부과해 왔었다. 총 병력 수 약 27만 명의 47% 수준인 13만 명이 징병에 의한 것이었다. 그러나 1990년 냉전 종식과 더불어 군의 임무와 역할이 전통적인 국토방위 개념에서 국제 평화유지와 위기관리 개념으로 전환됨에 따라, 2000년 새로운 병역법을 제정하여 징병제에 의한 병역의무를 단계적으로 정지하고 점진적으로 지원병제에 의한 전문 직업군을 육성하기로 하였다. 다만 이 병역법은 징병제를 완전히 폐지하지는 않고 지원병 유사시에는 징병제를 시행할 수 있도록 했다.[27]

이스라엘은 1946년 국가 수립된 이래 주변 이슬람 국가들과 대치하고 있는 실제적인 안보 위협에 놓여있는 국가이다. 이로 인해 1948년 이스라엘 방위군(IDF)이 창설된 이래 현재까지 여성까지 포함하여 현역으로 병역의무를 부과하고 있다. 대체복무는 특정 종교의 병역 거부자와 일부 여성에게만 제한적으로 허용하고 있다. 90년대 복무 기간 단축 등 약간의 제도적 완화가 이루어지기는 하였으나 현재도 강력한 징병제를 유지하고 있다.[28] 18세 이상의 모든 국민들이 징집되어 남자는 3년, 여자는 2년간 복무한다. 의무 복무를 마친 군인들은 예비군에 편입되어 51세까지 임무를 수행하며 이 기간 중 45세까지는 1년에 1개월씩 병영에 입소하여 군 복무를 한다. 현재 이스라엘군의 병력 규모는 현역 약 17만 명과 현역에 버금가는 예비군 약 45만 명을 유지하고

---

27) 정혜인 (2014), pp. 95-96.

28) 박찬석, 『전투력 강화를 위한 병역제도 개선 방안』 (의원 정책 자료집 II, 2016), p. 32.

있다.[29)]

대만은 현재 중국과 대치 중이라는 점에서 북한과 대치하고 있는 우리나라에 시사하는 바가 크다. 대만은 1949년 중국 공산당과의 내전에서 패배하여 이주한 국민당 정권이 집권한 이래 60년간 강한 징병제를 시행하였다. 대만은 중국과의 군사적 긴장 관계로 인하여 18세 이상의 남성을 대상으로 면제 인원 일부를 제외하고 전원 1년간 군 복무 의무를 부과해왔다. 현재 군의 규모는 27만 명 정도이며, 이 중 40%가 징집된 자원으로 구성되어 있다. 그러나 2000년대 중국과의 관계가 개선되고 국민들의 군에 대한 부정적 인식과 병역 회피 풍조가 만연해짐에 따라 징병제 폐지와 모병제 선호 여론이 증가하였다. 이러한 사회적 분위기 속에 2008년 마잉주 대만 총통이 모병제 도입을 선거 공약으로 제시하였다. 집권에 성공한 마잉주는 병역법을 개정하여 2015년부터 모병제를 부분 시행하다가 2107년부터 전면 시행하기 위한 정책을 추진하였다. 그러나 국민의 지원율 저조로 모병제 도입을 2년 연기한 끝에 병력이 부족한 상태로 2019년부터 전면적인 모병제를 시작하게 되었다.[30)]

중국은 1949년 중국 공산당이 대륙을 장악한 이후부터 강한 징병제를 채택하여 최근까지 유지해 왔다. 그러나 냉전 종식과 함께 이념적 대립의 상실과 정부의 실리주의 노선 추구에 따라 1999년 병역법을 개정하여 완전 징병제를 폐지하고 병력 감축 및 복무 기간 단축을 시행

29) 김강녕, "이스라엘의 안보환경과 국방정책," 『한국 군사학논총』 제3집 제1권 (2104. 6), p. 23.
30) 정용환, "냉전 종식 후 103개국 모병제 시행, 76개국은 징병제 유지," 『중앙 선데이』 (2017. 2. 5); 김외현, "대만, 완전 모병제 가능할까," 『한겨레신문』 (2017. 10. 9).

하는 한편, 부분적인 모병제를 도입하기로 하였다.[31] 현재 중국은 양적인 대규모 병력 유지 노선을 과학기술군 육성 노선으로 정책을 전환함에 따라, 징병제와 지원병제의 혼합 체제하에 징집 자원의 규모를 줄이고 직업군인인 지원병의 규모를 확대해 나가고 있다.

러시아는 1990년 소련이 해체된 이후 러시아 군 개혁을 지속 추진하였다. 그 결과 2007년 징병제를 부분 모병제로 전환하고 2008년부터 병사의 복무 기간을 24개월에서 12개월로 단축했다. 이러한 군 개혁은 군 규모를 축소하고 효율적인 작전 수행에 적합한 상시 대응군 체제를 정착시키는 것으로, 현대전의 특징인 네크워크 중심전에 대비하고 출산율 저하에 따른 병역 자원 부족을 해소하기 위해 추진되었다.[32] 이후 러시아군은 모병제의 비중을 점진적으로 높여 2017년 군 병력의 70%인 지원병을 2020년 90%까지 확대하기로 하였다.[33] 그러나 아이러니하게도 러시아 정부가 모병제를 확대 추진하기로 하자 국민들의 징병제에 대한 찬성 여론이 60%나 될 정도로 비등하고 있다고 한다.[34]

이 밖에도 전 세계의 많은 국가들이 냉전이 종식된 1990년대를 기점으로 징병제에서 모병제로 돌아서는 등 오늘날 모병제는 〈그림 2〉와 같이 세계적인 추세이다.

---

31) 박찬석 (2006), p. 32.
32) 이홍섭, "21C 러시아 군 개혁의 배경과 방향: 네트워크 중심전(NCW)대비," 『슬라브 연구』 제29권 제1호 (한국 슬라브문화 연구원, 2013. 3월), p. 101.
33) 황정훈, "국방인력의 효율적인 확보를 위한 모병제 도입방안에 대한 법적 검토," 『법이론 실무연구』 제5권 제1호 (한국 법이론 실무학회, 2017), p. 297.
34) 차정민, "러시아를 위해서라면: 징집제 찬성여론 과반수 넘어," 『뉴스 워크(한국판)』 (2017. 3. 14).

〈그림2〉 세계의 모병제와 징병제 채택 비율 변화

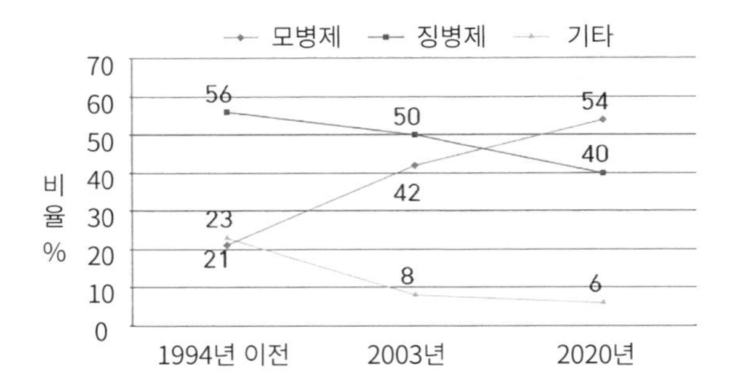

현재 모병제를 채택하고 있는 국가는 유엔 회원국 192개국 중 107개국으로서 전체의 53.7%를 차지하며, 한국을 비롯하여 76개국이 징병제를 유지하고 있다. 징병제를 유지하고 있는 국가들은 한국, 이스라엘, 핀란드 등과 같이 직접적인 안보 위협에 직면하고 있는 국가들과 북한, 쿠바, 베트남 등 아직까지 사회주의를 표방하고 있는 국가들이 다수 차지하고 있다. 특이한 점은 사회주의 국가의 대표격인 중국, 그리고 중국과 첨예하게 군사적으로 대립하고 있는 대만조차도 오늘날의 세계적 추세에 따라 징병제에서 모병제로 전환을 시도하고 있다는 점이다.

다만 최근 들어 유럽에 다시 징병제의 바람이 불고 있는 것이 사실이다. 2010년에 징병제를 폐지하고 모병제로 돌아섰던 우크라이나가 2014년 러시아의 크림반도 침공 및 합병이 있고 난 직후인 2015년에 징병제를 부활시켰다. 이 밖에도 러시아와 인접해 있는 리투아니아가 2015년에 징병제를 다시 도입하였으며, 노르웨이도 법을 개정하여 2016년 7월부터 남녀 모두를 징병 대상으로 하는 등 징병제를 강화하였다. 2010년에 모병제로 전환했던 스웨덴도 2017년 징병제를 재도입하기로 결정하였으며, 2018년부터 18세 이상의 남녀를 대상으로 의무 복무제 시행에 들어갔다. 2008년에 징병제를 폐지했던 불가리아에서도 현재 징병제 재도입이 검토되고 있다고 한다. 2011년에 징병제를 폐지한 독일에서는 2016년 8월 정부가 마련한 전략안에 징병제 복원 방안이 포함된 것으로 알려졌다. 2001년 징병제를 완전 폐지한 프랑스에서조차 마크롱 대통령에 의해 징병제 부활이 검토되고 있는 상황이다.[35)]

현재 징병제와 모병제를 채택하고 있는 주요 국가들의 현황은 〈표1〉과 같다.

〈표1〉 국가별 병역제도 채택 현황 (2018년 말 기준)

구분	국가	예산 (단위: 10억 달러)		병력 (단위: 만 명)			복무 개월
		GDP	국방비 (GDP대비 %)	인구 수	병력 수 (인구대비 %)	징집병수 (징집병비 %)	
징병제	그리스	196	4.6 (2.37)	1,077	14.3 (0.13)	9.5 (66.4)	9
	핀란드	239	3.28 (1.37)	550	2.2 (0.40)	1.0 (45.5)	6~12
	스웨덴	538	9.14 (1.7)	1,005	10 (0.62)	–	9~11
	덴마크	303	3.6 (1.17)	559	1.7 (0.30)	0.5 (29.4)	4~12
	노르웨이	376	5.97 (1.59)	527	2.5 (0.47)	1.5 (60.0)	12
	우크라이나	112	2.17 (2.53)	4,421	20.4 (0.46)	–	18
	터키	736	8.76 (1.19)	8,027	35.5 (0.44)	23 (64.8)	15
	이란	412	15.9 (3.85)	8,280	52.3 (0.63)	22 (42.0)	21
	이스라엘	312	15.9 (6.09)	817	17.7 (2.16)	11 (62.1)	24~36
	태국	391	5.72 (1.46)	6,820	36.0 (0.53)	–	24
	한국	**1,400**	**33.8 (2.41)**	**5,092**	**63.0 (1.23)**	**40 (63.5)**	18
	북한	–	–	2,511	119.0 (4.74)	–	60~144

35) 김민희, "유럽에 다시 부는 징병제 바람," 『서울신문』 (2018. 1. 22.)

	인도네시아	941	8.17 (0.87)	2억5831	39.6 (0.15)	일부	24
	베트남	200	4.01 (2.01)	9,526	48.2 (0.50)	–	24~36
	싱가포르	297	10.2 (3.46)	578	7.3 (1.26)	4 (54.8)	22~24
	브라질	1.770	23.5 (1.33)	2억582	33.5 (0.16)	5 (14.9)	12
	베네수엘라	334	1.44 (0.43)	3,091	11.5 (0.37)	4 (34.8)	30
	쿠바	–	–	1,118	4.9 (0.44)	–	36
	이집트	400	5.33 (1.93)	9,467	43.9 (0.46)	3 (6.8)	12~36
모병제	미국	18,600	604 (3.26)	3억2399	135.0 (0.41)		
	캐나다	1,530	13.2 (0.86)	3,536	6.3 (0.18)		
	영국	2,650	52.5 (1.98)	6,443	15.2 (0.24)		
	프랑스	2,490	47.2 (1.90)	6,684	20.3 (0.30)		
	독일	3,490	38.3 (1.10)	8,072	17.7 (0.22)		
	이탈리아	1,850	22.3 (1.20)	6,200	17.5 (0.28)		
	스페인	1,250	12.2 (0.98)	4,856	12.3 (0.25)		
	벨기에	470	3.9 (0.83)	1,141	3 (0.26)		
	폴란드	467	9.1 (1.94)	3,852	9.9 (0.26)		
	헝가리	117	0.99 (0.85)	987	2.7 (0.27)		
	인도	2,250	51.1 (2.27)	12억6688	140.0 (0.11)		
	파키스탄	300	7.47 (2.73)	2억200	65.4 (0.32)		
	미얀마	68.3	2.26 (3.32)	5,689	40.6 (0.71)		
	말레이시아	303	4.22 (1.39)	3,094	11.0 (0.36)		
	필리핀	312	2.54 (0.83)	1억262	12.5 (0.12)		
	대만*	519	9.82 (1.89)	2,346	21.5 (0.92)		
	일본	4,730	47.3 (1.00)	1억2670	24.7 (0.19)		
	호주	1,260	24.2 (1.92)	2,300	5.8 (0.25)		
	뉴질랜드	179	2.58 (1.44)	447	0.9 (0.20)		
	멕시코	1,060	5.06 (0.48)	1억2317	27.7 (0.22)		
	아르헨티나	542	5.2 (0.96)	4,389	7.4 (0.16)		
	남아공화국	280	3.09 (1.10)	6.7 (0.12)	5,430		
	나이지리아	415	1.73 (0.42)	11.8 (0.10)	1억805		
	에티오피아	69.2	0.45 (0.65)	13.8 (0.13)	1억237		
	콩고 민주공	39.8	0.88 (2.20)	13.4 (0.16)	8,133		

징병제 → 모병제 전환중	중국	11,400	145 (1.27)	218.0 (0.16)	13억8130	-	24
	러시아	1,270	46.6 (3.68)	83.1 (0.58)	1억4,235	25 (30.0)	12
	캄보디아**	19.4	0.63 (3.24)	12.4 (0.78)	1,596	0	18

* 대만은 2019년 1월 1일부터 완전한 모병제로 전환

** 캄보디아는 명목상 18개월 징병제를 채택하고 있으나 1993년부터 미적용

출처: IISS, The Military Balance (2018.)

3. 병역제도 영향요인

각국의 병력 충원방식을 결정하는 데는 다양한 영향요인이 작용한다. 일반적으로 병역제도 변동 요인으로 ①통치권자의 의지, 국회의 정책성향 등의 정치적 요인, ②안보적 요인, ③국민 의식, 인구변동 추세 등의 사회적 요인, ④병역자원 공급능력 등의 경제적 요인, ⑤군 구조조정, 군사기술 발달 등의 군 내부적 요인 등이 거론된다.[36] Haltiner는 유럽 병역 체제에 대한 실증적 분석을 통해 병역제도 변동 요인으로 국가적 요인(동맹국 수, 해외 파병 규모 등)의 요인, 경제적 요인, 인구적 요인을 제시한 바 있다.[37] 이 외에도 〈표 2〉에서와 같이 학자들의 관점에 따라 각기 다양한 영향요인들이 제시되고 있다.

본 연구는 선행 연구자들의 결과와 현재 세계 각국이 채택하고 있는 병역제도를 분석한 결과를 토대로 국가의 병역 제도 결정에 영향을 미치는 요인을 분석하여 이를 한국군의 병역 제도를 판단하는 데 활용하고자 한다. 다만 위에서 학자들이 제시한 요인들을 모두 한국군의 상

36) 김두성, 『병역자원 제도론』 (병무청, 2003), p. 67.
37) Karl. W. Haltiner, "The Decline of he Europe Mass Armies," Handbook of the Sociology of the Military, (New York: Kluwer Academic/Plenum Publishers, 2003.)

황에 적용하기는 어렵기 때문에 본고에서는 이 중에서 몇 가지 가장 핵심적인 요인들만을 다루고자 한다. 이러한 요인들은 각자 독립적으로 영향을 미치기 보다는 요인들 간에 밀접하게 상호 작용하면서 복합적으로 영향을 미친다.

〈표 2〉 병역제도 결정 요인

구분	지정학	안보위협	국민성	경제사회	역사성	정치체제	인구	내부요인
김문성 (1989)	○	○	○	○	○			
권회면 (1990)	○	○	○	○	○	○	○	
오동열 (1990)	○	○		○	○	○		
김세영 (1998)	○			○		○	○	
이상목 (2000)		○	○	○	○	○		
김병조 (2002)	○	○	○	○	○			
김두성 (2003)		○		○		○	○	○
김창주 (2004)	○	○		○		○	○	○
나태웅 (2012)		○		○	○	○		
이태우 (2015)		○	○	○			○	○

가. 안보 위협의 인식 정도

일반적으로 국가가 인식하는 군사적 위협과 병역제도 사이에는 높은 상관관계가 존재하는 것으로 알려져 있다.[38] 1945년 이후 냉전 체제 하에서 첨예하게 대치하고 있던 바르샤바 조약기구와 NATO 회원국 대부분은 징병제를 채택했었다. 그러나 1990년 냉전이 종식되자 대부분의 유럽 국가들은 동·서 지역을 막론하고 병력 규모를 축소하는 한편 징병제를 폐지하고 모병제로 전환하였다. 현재 28개국의 NATO 회

38) 조한승 (2012), p.110

원국 중에서 5개국을 제외한 나머지 국가들 대부분이 지원병제를 채택하고 있다.

한편 러시아와 인접해 있는 핀란드, 덴마크, 노르웨이 등의 북유럽 국가들은 계속해서 징병제를 유지하고 있는 데, 이는 과거 침략의 역사를 가진 러시아에 대한 안보 위협을 여전히 느끼고 있기 때문인 것으로 분석된다. 얼마 전 징병제를 폐지했던 리투아니아, 우크라이나, 스웨덴 등이 징병제를 최근 재도입했고 프랑스, 독일 등도 징병제 부활을 검토하는 등 유럽에서 다시 불고 있는 징병제의 바람도 2014년 이후 유럽의 안보 상황의 변화와 밀접히 관련되어 있다. 이는 2014년 러시아의 크림 반도 침공 및 영토 병합과 점증하는 군사 패권주의적 행위로 인해 러시아와 인접한 유럽 국가들은 물론이고 유럽의 많은 국가들의 안보적 위기감이 증대된 결과로 분석된다.[39)]

한국, 북한, 이스라엘 등과 같이 주변에 직접적인 적이 존재하며 군사적 긴장도가 높은 국가들은 대부분 대규모의 병력을 유지하고 있으며 징병제를 채택하고 있다. 2017년을 기준으로 할 때, 북한군의 병력 규모는 약 117만 명으로 인구 대비 병력 비율이 4.74%로서 세계에서 가장 높은 수준을 유지하고 있으며, 이스라엘군은 17만 7천 명(인구 대비 2.16%), 한국군은 63만 명(인구 대비 1.23%)을 유지하고 있다. 미국의 경우도 현재는 지원병제를 유지하고 있지만 제2차 세계대전, 한국전쟁, 베트남전쟁 등으로 안보 위협이 고조되고 그 결과 소요 병력의 규모가 커지는 시기에는 징병제로 전환하여 필요한 병력을 충원하였다. 일반적으로 안보 위협이 높은 국가들은 그렇지 않은 국가들보다 국가

---

39) 김민희 (2018. 1. 22.)

안보를 위해 요구되는 병력의 규모가 크다. 안보에 필요한 대규모의 병력을 효과적으로 충원하기 위해서는 국민들에게 병역의무를 부과하는 징병제가 유리하다. 지원병 체제 하에서 대규모 병력을 충원하려면 국가의 재정적 부담도 클 뿐 아니라 지원자 부족이 현실적으로 큰 문제로 작용하기 때문이다. 현재 모병제를 선택하는 대부분의 나라들이 모병 지원자를 확보하는 데 큰 어려움을 겪고 있다. 대만이 이미 2008년에 모병제 도입을 결정했음에도 10년이 지나서야 겨우 불완전한 모병제를 시행할 수밖에 없었던 가장 큰 이유 중의 하나가 필요한 규모의 군 지원자를 확보하는 데 있어서의 어려움 때문이었다. 현재 일본 자위대 운영의 가장 큰 문제도 역시 자위대 지원자의 부족에 있다.[40)]

나. 인구 규모

병력은 국민들로부터 충원되기 때문에 한 국가의 인구 규모는 병력 유지에 가장 큰 영향을 미치는 요소이다. 따라서 필요한 규모의 병력을 확보하기 위해서는 인구의 변동에 민감하게 대응하지 않으면 안 된다. 통상 징병제하에서는 국가는 개인의 의사와 무관하게 강제적으로 국민에게 군 입대를 명령할 수 있기 때문에 비록 인구 규모가 작은 국가일지라도 필요한 규모의 병력을 비교적 수월하게 획득할 수 있다. 반면, 모병제의 경우는 개인의 의사에 따라 결정되기 때문에 국가가 원하는 만큼의 병력을 충원하기가 징병제 국가에 비해 불리하다. 이는 미국, 인도, 파키스탄 등 일부 국가를 제외하고 대부분 국가들의 경우에는 국민들 대다수가 군에 스스로 지원하는 것을 선호하지 않기 때

40) 김은빈, "지원자가 부족해... 일 자위대," 『뉴스핌』 (2018. 8. 29.)

문이다. 사실 모병제를 택한 대부분 나라들이 공통적으로 겪는 어려움 중의 하나가 자원 입대자의 부족이다. 따라서 한 국가의 인구 규모는 모병제를 시행하는 국가들의 병력 규모를 제한하는 요인이 된다. 이러한 이유로 모병제 국가들의 인구 대비 병력 비율이 징병제 국가에 비해서 매우 낮게 나타난다.

〈표 1〉에 제시된 국가들의 인구 대비 병력 비율은 모병제 국가의 경우는 통상 0.3 이하로서 평균 0.243 (표준편차 0.128), 중간값 0.24이다. 반면에 징병제 국가의 경우는 소규모 군대를 보유하고 있는 일부 국가를 제외하고 대부분 0.3 이상으로서 평균 0.785 (표준편차 0.998), 중간값 0.47이다. 이처럼 징병제 국가의 인구 대비 병력 비율이 모병제 국가의 병력 비율보다 3배 이상 높게 나타난다. 〈표 3〉에서 보듯이 대부분 인구 규모가 큰 국가들이 모병제를 채택하고 있거나 현재 모병제로 전환 중임을 알 수 있다. 세계적으로 인구 규모가 큰 상위 15개국 중에서 인도네시아, 브라질, 베트남, 이집트를 제외한 나머지 11개국은 모두 모병제를 채택하고 있다. 이는 모병제를 시행하기 위해서는 기본적으로 인구 규모가 커야 함을 시사한다.

〈표 3〉 각국의 인구 규모와 병역제도 비교

순위	국가	인구수 (만명)	모병제	징병제
1	중국	13억 8,130	전환 중	
2	인도	12억 6,688	○	
3	미국	3억 2,399	○	
4	인도네시아	2억 5,832		○
5	브라질	2억 582		○
6	파키스탄	2억 200	○	

7	방글라데시	1억 5,619	○	
8	러시아	1억 4,235	전환 중	
9	일본	1억 2,670	○	
10	멕시코	1억 2,317	○	
11	나이지리아	1억 805	○	
12	필리핀	1억 262	○	
13	에티오피아	1억 237	○	
14	베트남	9,526		○
15	이집트	9,467		○

출처: IISS, *The Military Balance* (2018)

다. 경제적 수준

지원병제와는 달리 징병제하에서는 병역이 국가가 국민에게 부여하는 참정권에 상응하는 의무 중 하나로 간주되기 때문에 병역 대상자들은 개인의 의사와는 달리 강제로 징집되며 통상 낮은 보수를 받는다는 특징이 있다.[41] 따라서 국가는 군역에 의해 의무적으로 입대한 자원을 최소의 비용으로 활용할 수 있어 재정적 부담이 상대적으로 작다. 반면 모병제하에서는 국민들에게 강제성을 부여할 수 없기 때문에 자발적으로 군에 입대할 수 있는 동기를 부여하지 않으면 안 된다. 따라서 국가는 금전적 보수와 각종 수당 등 인건비에 대한 재정적 부담이 커지기 마련이다. 만일 대규모 군대를 유지해야 할 경우 지원병제는 국가의 경제적 능력이 결정적인 변수 중의 하나가 될 것이다. 역사적으로 고대 로마제국은 직업군인들로 구성된 로마 군단 덕분에 광대한 식민지를 통해 물질적 풍요를 누리게 되었지만, 한편으로는 직업군인들

41) 김창주, 『통일한국의 병역제도 결정요인에 관한 연구』(경원대학교 박사학위논문, 2004), p. 13.

에 대한 봉급, 수당, 연금 등의 각종 보상에 따르는 재정 지출이 급증하면서 제국의 안정성이 저해되는 결과를 초래하였다. 이러한 역사적 사실은 대규모의 지원병제 운용에 따르는 국가적 부담에 대한 시사점을 제시하고 있다.

〈그림 3〉 GDP 1조 달러 이상 국가들의 국민 1인당 국방비 (2018년)

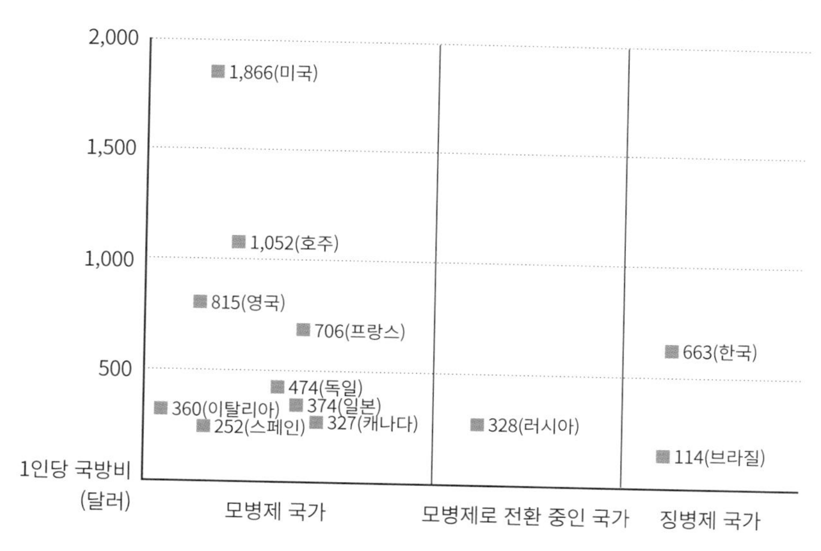

현재 국가의 경제 규모가 GDP 1조 달러 이상인 주요 국가들 중 지원병제를 시행하고 있는 국가들과 징병제 국가들 간의 국민 1인당 국방비를 비교해 보면 〈그림 3〉과 같이 징병제 국가들에 비해 지원병제 국가들에게서 높게 나타난다. 징병제 국가는 평균 388달러인 반면 지원병제 국가는 692달러로서 2배 가까이 높다. 이는 지원병제를 선택하면 국방비가 증가하게 되고 결과적으로 국가의 재정적 부담이 커지게 됨을 의미한다.

한편 눈여겨볼 사실은 2003년 유럽 15개 국가를 대상으로 국가의 경제 수준과 징집율의 관계를 분석한 Haltiner의 연구 결과이다. 그 결과에 따르면 국민 1인당 GNP와 징병율 간의 관계(R2=0.1685)는 그렇게 높지 않게 나타났다.[42] 이는 비록 지원병제를 시행하는 나라들의 1인당 국방비 지출이 그렇지 않은 나라들에 비해 높긴 하지만, 국가의 경제 수준이 그 나라의 병역제도를 결정하지는 않음을 의미하다. 즉 경제 수준이 높은 국가가 모병제를 선호한다고 볼 수도 없으며, 마찬가지로 경제 수준이 낮은 국가가 징병제를 선호한다고 볼 수도 없다. 스위스(89,578달러), 스웨덴(51,604달러), 노르웨이(71,497달러), 덴마크(53,243달러), 핀란드(43.492달러)와 같은 나라들은 1인당 국민소득이 세계 최고 수준임에도 징병제를 선택하고 있다. 반면에 1인당 국민소득이 매우 낮은 알바니아, 보스니아, 헝가리, 인도, 파키스탄, 스리랑카와 그 밖의 많은 아프리카 국가들이 모병제를 유지하고 있다. 이러한 사실들은 비록 병역제도의 형태에 따라 국가의 재정적 부담의 정도에 차이가 있지만, 국가가 특정의 병역제도를 선택하는 데 있어 국가의 경제력이 큰 영향을 미치지 않음을 시사하고 있다.

그렇지만 한 나라의 경제력은 자국의 병력 충원 제도를 결정하는데 중요한 고려 요소로 작용하게 된다. 앞에서 제시한 국민소득이 낮은 국가들 중에 모병제를 선택한 국가들은 군대를 소규모로 유지함에 따라 국가의 재정 부담이 그리 크지 않기 때문에 가능하다. 반면 경제 수준이 높지 않으면서 대규모 병력을 유지하고 있는 터키, 베트남, 북한 등과 같은 나라들의 경우는 동일한 규모의 병력을 모병제를 통해 획

42) Haltiner (2003), p. 377.

득하기는 제한될 것이다. 모병제에 따르는 재정 부담이 과도하게 크기 때문이다. 〈표 1〉에서 보듯이 미국, 인도 등 일부 국가들을 제외한 대부분의 모병제 국가들이 징병제 국가들에 비해 상대적으로 작은 규모의 군대를 보유하고 있다는 점에서도 이러한 사실을 유추할 수 있다. 따라서 국가의 경제력 규모는 병력 운영에 많은 예산이 들어가는 모병제를 판단하는데 너무나 당연한 요소이다.

제2장

미래 한국의 병역 환경 변화

앞장에서도 언급하였듯이 한 나라의 병역제도 결정에 영향을 미치는 핵심 요인들로 안보 위협의 정도, 경제적 능력, 인구 규모를 들 수 있으며, 그 밖에도 국민 의식, 역사성, 정치 체제, 군 내부의 필요성 등을 고려할 수 있다. 본 고는 미래 한국의 병역제도를 연구함에 있어 국가 안보의 위협 정도에 대한 논의는 배제한다. 북한과 주변국의 위협, 한미 동맹, 남북 관계 등 미래 한반도의 안보환경 변화는 불확실성과 가변성이 매우 높아 이를 예측하기란 쉽지 않다. 또한, 미래의 안보환경 분석은 방대한 작업으로서 별도의 독립적인 연구가 필요한 주제이기도 하다. 따라서 안보 위협이 병역제도 분석에 가장 중요한 기본 요소이기는 하나 본 고에서는 이를 다루지 않고 현재의 안보 위협 상황이 큰 변화 없이 지속할 것으로 가정하고 연구를 진행한다. 또한, 병역제도의 결정요인으로 앞에서 제시된 역사성, 정치 체제 등도 본 고의 논의에서는 제외한다.

1. 한국 사회의 인구 구조 변화

병력은 순수한 인적 요소이기 때문에 한 국가의 인구 규모는 필요한 병력 확보에 결정적인 영향을 미친다. 현재 한국 사회의 급격한 출산율 저하는 장차 노동력과 구매력의 감소를 비롯하여 사회 전반에 걸쳐 심각한 문제를 야기하고 있다. 2018년 출생아 수는 32만 6,900명, 합계출산율은 0.98명으로 출산율 1명 이하로 떨어진 세계적으로 유일한 국가로 기록되었다. 2019년 출생아는 이보다 더욱 적은 30만 3,100명으로, 역대 가장 많은 출생자 수를 기록한 1971년 102만 4,773명의 30%에도 미치지 못하는 수준이다. 2019년 합계 출산율은 0.92명으로 작년에 이어 2년 연속으로 1명 이하를 기록하였다. 〈그림 4〉에서 보는 바와 같이, 우리나라의 합계출산율은 1970년 통계 작성이 시작된 이후 매년 최저 수준을 갱신하고 있다.[43] 이러한 합계출산율 수치는 OECD 36개 회원국의 평균 1.65명(2017년 기준)을 크게 밑돈다. 이스라엘(3명), 미국(1.77명), 일본(1.43명)은 물론이고, 회원국 중 가장 낮은 축에 속하는 그리스(1.35명), 이탈리아(1.32명), 스페인(1.31명)보다도 훨씬 낮은 수치이다.

〈그림 4〉 한국인 출생아 수 및 합계출산율 추이 (1970-2019)

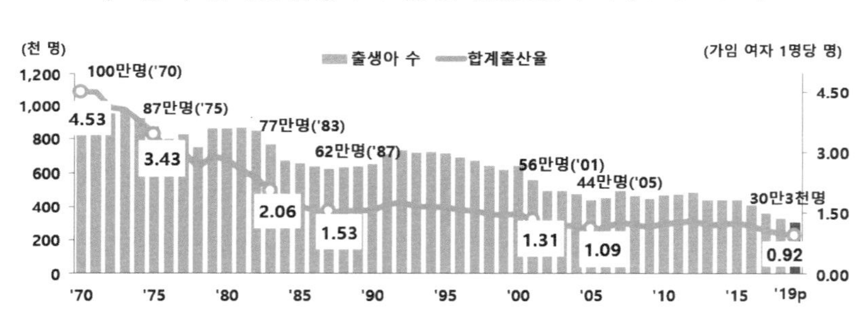

출처: 통계청 보도자료 "2019 출생통계" (2020. 2. 26.)

최근의 이러한 수치는 통계청의 장래 인구 추계를 크게 벗어나고 있다. 2018년 합계 출산율 0.98, 출생아 수 32만 6,900명은 통계청의 2018년 예상 출산율(1.22명), 예상 출생아 수(고위 추계 41.1만 명, 저위 추계 37.6만 명)에 비해 지나치게 낮다. 이것은 통계청이 예상한 시점보다 최소 12년(저위 추계 전망)에서 최고 21년(고위추계 전망)이나 빨리 도

43) 통계청 보도자료 "2019 출생통계" (2020. 2. 27)

달했다.[44] 2019년의 출산율과 출생아 수 역시 통계청의 예상 추계(중위 추계 출산율 0.94명, 예상 출생아 수 30만 9,000명)보다 적었다.

사실, 정부는 2000년대 이후 저출산·고령화라는 한국 사회의 인구 변화에 대응하여 많은 대책을 수립하고 막대한 재원을 투입하였지만 별다른 효과를 보지 못하고 있다. 전문가들은 저출산 현상의 주요 원인으로 독신 풍조, 초혼 연령의 상승 등의 인구학적 요인을 가장 큰 원인으로 꼽고 있다.[45] 사회 경제학적 요인들로는 여성의 교육수준 향상, 사회활동 참여와 삶의 질, 육아 부담 등이 거론되고 있다.[46] 이러한 인구학적, 사회 경제학적 요인들은 한국 사회의 일시적 현상이 아닌 장기간 형성된 사회적 구조에서 발생하는 것으로서 단기간에 해결될 수 있는 문제가 아니기 때문에 초저출산 현상은 앞으로도 계속될 것으로 보인다. 사실 한국의 저출산 현상은 이미 1980년대 초반부터 시작되어 30년 이상 장기적으로 진행되고 있다. 이러한 사실을 고려할 때 앞으로 한국 사회는 더욱 심각한 인구 감소에 직면할 것으로 보인다. 정부의 출산장려 정책의 효과성 여부에 따라 출생률이 다소 향상될 수는 있겠지만, 현재의 출생자 감소 추세를 획기적으로 돌려놓기는 어려울 것이다. 통계청의 2020년 장래 인구 추계를 보면, 〈표 4〉와 같이 한

---

44) 2017년 통계청 장래인구의 출생아 수에 대한 중위 추계는 2039년 328,000명, 저위 추계는 2030년 326,000명으로 예측하였다.

45) Larry Bumpass and Minja Kim Choe, “Attitudes toward Marriage and Family Life,” in N. O. Tsuya, L. L. Bumpass(eds.) Marriage, Work and Family Life in Comparative Perspective: Japan, South Korea and the United States (2003); 김승권, “최근 한국사회의 출산율 저하 원인과 향후 전망” : 『한국인구학』 제27권 제2호 (2004).

46) 노병만, “저출산 현상의 원인에 대한 개념 구조와 정책적 검토”, 『대한정치학회보』 제21집 제2호 (2013. 8월), pp. 179~207; 우해봉, 한정림, “저출산과 모멘텀 그리고 한국의 미래 인구변동”, 『보건사회연구』제38권 제2호 (보건사회연구원, 2018), pp.9~41.

국의 총인구는 중위 출산율 적용 시 2028년 5,194만 명에서 정점(고위 출산율 적용시 2035년 5,375만 명, 저위 출산율 적용시 2020년 5,164만 명)을 찍고 그 이후로는 급속하게 감소하는 것을 볼 수 있다. 저위 출산율을 적용한다면 한국 사회의 실질적인 인구 감소는 2020년 올해부터 시작될 것이다.

〈표 4〉 장래 총인구 추계

(단위: 명)

구 분	중위 추계	고위 추계	저위 추계
2020	51,780,579	51,935,130	51,643,839
2021	51,821,669	52,095,063	51,598,624
2022	51,846,339	52,253,677	51,522,037
2023	51,868,100	52,411,077	51,427,148
2024	51,887,623	52,567,572	51,329,985
2025	51,905,126	52,722,628	51,229,784
2026	51,920,462	52,874,923	51,126,897
2027	51,933,215	53,022,642	51,021,456
2028	51,941,946	53,163,056	50,911,669
2029	51,940,598	53,294,753	50,791,652
2030	51,926,953	53,413,874	50,654,262
2031	51,899,896	53,517,777	50,497,843
2032	51,858,138	53,604,224	50,326,018
2033	51,800,130	53,670,942	50,138,582
2034	51,724,407	53,717,012	49,934,377
2035	51,629,895	53,742,217	49,711,817
2036	51,515,697	53,745,298	49,470,478
2037	51,381,324	53,727,285	49,210,114
2038	51,226,482	53,688,714	48,930,273

2039	51,051,053	53,631,180	48,628,739
2040	50,855,376	53,554,347	48,306,641
2041	50,639,882	53,456,878	47,965,188
2042	50,404,693	53,339,254	47,603,985
2043	50,149,334	53,201,352	47,222,856
2044	49,872,642	53,040,442	46,821,565
2045	49,574,038	52,856,194	46,403,343
2046	49,253,490	52,648,793	45,966,029
2047	48,910,639	52,419,048	45,507,216
2048	48,544,753	52,168,529	45,027,832
2049	48,155,863	51,897,048	44,529,063
2050	47,744,500	51,606,157	44,011,272

출처: 통계청 "시나리오별 장래인구 추계" (자료 갱신일 2020. 3. 28.)

〈그림 5〉 장래 총인구 추계

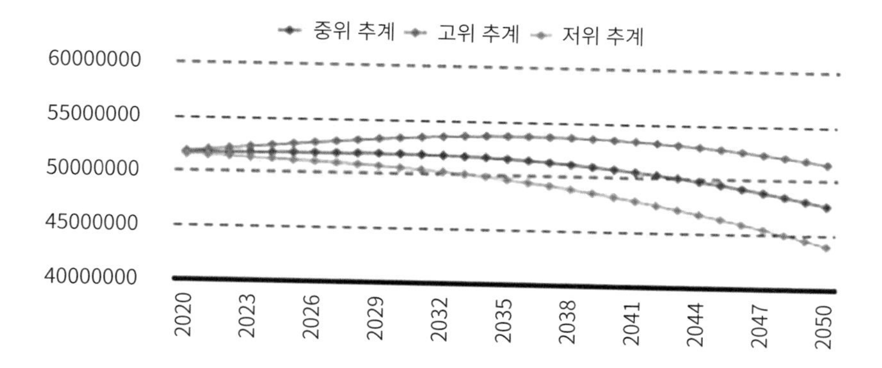

한편 인구 분포 중에서 병역 대상자의 인구 추계를 보면 미래의 징병 가능 인구 규모의 심각한 감소 상황을 실감할 수 있다. 〈표 5〉는 연도별 만 20세 남자 인구수에 대한 추계이다. 20세의 모든 남성이 제외

없이 현역으로 입대한다고 가정할 때 2021년 최대로 징집할 수 있는 규모는 중위 추계 기준 시 약 31만 4,000명이다. 그러나 2023년 이후부터는 징집 가능한 대상 인구가 25만 명 이하로 급격히 감소하여 2030년대 중반까지 21~23만 명 수준을 유지하다가 2036년 이후부터는 20만 명 이하로 떨어지고, 2040년 이후부터는 약 15만 명 수준이 될 것으로 보인다. 2018년 만 20세 인구가 34만 6,000명이었던 것에 비하면 불과 20년 만에 절반 수준으로 감소하게 된다.

〈표 5〉 연도별 만 20세 남자 인구 추계

(단위: 명)

구분	중위 추계	고위 추계	저위 추계
2020	328,925	330,673	327,256
2021	313,880	316,041	311,754
2022	270,222	272,442	268,071
2023	250,476	252,633	248,469
2024	247,419	249,518	245,521
2025	229,002	231,035	227,184
2026	224,275	226,206	222,537
2027	232,864	234,763	231,122
2028	246,510	248,424	244,711
2029	229,344	231,181	227,598
2030	225,703	227,426	224,049
2031	243,252	245,040	241,511
2032	239,173	241,096	237,286
2033	233,838	235,853	231,845
2034	219,892	221,948	217,852
2035	223,537	225,660	221,422
2036	216,255	218,494	214,022

2037	193,919	196,238	191,613
2038	174,174	176,528	171,835
2039	163,192	172,931	155,183
2040	154,908	177,912	139,469
2041	146,895	181,826	129,905
2042	145,716	186,614	121,745
2043	151,132	191,967	120,150
2044	156,854	197,596	126,105
2045	162,746	203,120	132,132
2046	168,529	208,160	138,173
2047	173,907	212,365	143,995
2048	178,679	215,515	149,419
2049	180,972	217,107	151,544
2050	180,702	216,891	150,428

출처: 통계청 "시나리오별 장래인구 추계" (자료 갱신일 2020. 3. 28.)

〈그림 6〉 연도별 만 20세 남자 인구 추계

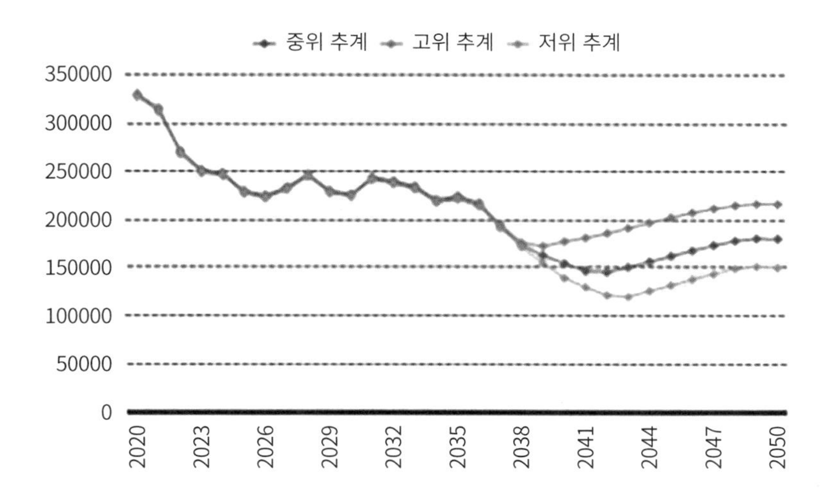

2. 경제적 능력

앞에서 살펴보았듯이 모병제는 국가의 재정적 부담 즉 국방예산 소요를 대폭 증가시킨다. 따라서 국가의 경제적 능력은 모병제 채택에 있어서 중요한 고려 요소로 작용한다. 그러나 한국의 장기적인 국가 경제 및 재정에 대한 전망은 그리 낙관적이지 않은 것으로 분석된다. 〈표 6〉에서 보는 바와 같이 2018년 한국의 실질 GDP는 1조 7,209억 달러로서, 2018년보다 한 계단 오른 세계 10위를 차지하였다.[47]

〈표 6〉 한국의 연도별 경제 규모 (당해년 가격)

국가별	국내총생산 (10억 달러)	1인당 총국민소득 (달러)	성장률 (%)
2001	547.7	11,484	4.9
2002	627.2	13,115	7.7
2003	702.6	14,618	3.1
2004	793.6	16,477	5.2
2005	934.7	19,262	4.3
2006	1,052.4	21,664	5.3

47) 2018년 세계 각국의 GDP 순위 (단위: 10억 달러, 당해년 가격)

순위	1위	2위	3위	4위	5위	6위	7위	8위	9위	10위
국가	미국	중국	일본	독일	영국	프랑스	인도	이탈리아	브라질	한국
GDP	20,494.1	13,608.2	4,970.9	3,996.8	2,825.2	2,777.5	2,726.3	2,073.9	1,868.6	1,720.9
11위	12위	13위	14위	15위	16위	17위	18위	19위	20위	21위
캐나다	러시아	호주	스페인	멕시코	인니	네덜란드	사우디	터키	스위스	대만
1,709.3	1,657.6	1,432.2	1,426.2	1,223.8	1,042.2	912.9	782.5	766.5	705.5	590.0

출처: 통계청 국제기구 통계_국민계정_국내총생산 (자료 갱신일: 2019. 9. 30.) *2018년 7월 7일 세계은행(World Bank)이 발표한 자료에 따르면, 한국의 GDP는 1조 6,194억 달러로 러시아(1조 6,576억 달러)에 이어 12위로 기록되었다.

2007	1,172.7	24,027	5.8
2008	1,046.8	21,345	3.0
2009	944.3	19,122	0.8
2010	1,143.9	23,118	6.8
2011	1,253.4	25,256	3.7
2012	1,278.0	25,724	2.4
2013	1,370.6	27,351	3.2
2014	1,484.0	29,384	3.2
2015	1,465.3	28,814	2.8
2016	1,500.0	29,394	2.9
2017	1,623.3	31,734	3.2
2018	1,720.9	33,434	2.7

출처: 통계청 국제기구 통계_국민계정 (자료 갱신일 2019. 9. 30.)

이는 2001년에 비해 약 3배 이상 증가한 규모이긴 하지만 최근 몇 년간 한국 경제는 성장 동력을 잃고 2% 수준의 성장률을 보이는 등 최근 성장이 둔화한 상태이다. 중국이 매년 7% 안팎의 높은 성장률을 기록한 것에 비하면 한국의 2%대 경제 성장은 매우 낮은 수치이며 이는 중국 등 주변과의 경제 규모의 차이를 더욱 심화시키는 결과를 가져올 것이다. 이러한 한국 경제 성장의 침체는 성장력과 고용 창출력의 약화, 산업 경쟁력의 약화 등으로 인해 수출 경기가 양극화되고, 제조업과 건설업의 위축으로 고용시장이 위축되는 등 전형적인 장기간 '경기수축' 국면에 들어섰기 때문으로 분석된다. 반면 2018년 미국, 일본 등 선진국들은 소비와 투자, 고용 개선을 중심으로 성장세가 확대되었으

며, 신흥국 역시 안정적인 성장세를 지속하고 있다.[48)]

2019년 이후 세계 경제는 2018년과 유사하거나 소폭 둔화되는 흐름을 보일 것으로 전망되고 있으나 한국의 경제성장률은 2018년보다 더욱 낮은 2.0% 대로 떨어질 것으로 예측되었다. 실제 2020년 3월 한국은행이 발표한 통계 자료에 따르면 2019년 경제성장률은 2.01%로 1997년 금융 위기 이후 최저를 기록하였다.[49)] 2020년에는, 3.3%의 성장성장률이라는 연초의 기대와는 달리, IMF 총재의 우려와 같이 신종 코로나 바이러스 사태로 인해 세계 경제가 1930년대 대공황 이래 최악의 상황으로 치달리고 경제성장률이 급격한 마이너스로 돌아설 가능성이 높은 것으로 보인다.[50)] 2020년 4월 8일 한국 경제연구원은 우리나라 역시 코로나 바이러스 사태의 충격으로 경제 위기 수준의 극심한 경기 침체가 불가피할 것으로 전망하였다. 연구원의 발표에 따르면 정부의 코로나 사태 충격 극복을 위한 노력에도 불구하고 대내적으로는 경제 여건의 부실화와 생산 및 소비 활동의 마비, 대외적으로는 미국과 중국 등 주요 국가들의 경기 침체 흐름 등으로 〈표 7〉과 같이 한국의 경제성장률은 −2.3%가 될 것으로 보인다.[51)]

---

48) 주원 등, "2019 한국 경제 전망," 『한국경제주평 813권 0호』 (현대경제연구원, 2018), p. i.
49) 김진솔, "한은, 1인당 국민총소득 3,735만 6,000원 실질 경제성장률 2.0%," 『매일경제』(2020. 1. 22.)
50) 김윤희, "IMF 총재, 올 세계 경제성장률, 마이너스로 급전환될 것,"『문화일보』(2020. 4. 10.)
51) "한경연, 경제성장률 −2.3%로 IMF 이후 첫 마이너스 성장 전망," 한경연 보도자료(2020. 4. 9.)

〈표 7〉 2020년 한국의 경제성장률 전망

(단위: 전년 동기대비(%), 억 달러(국제수지부문))

구 분	2018년	2019년			2020년		
	연간	상반	하반	연간	상반	하반	연간
GDP	2.7	1.9	2.1	2.0	-3.2	-1.4	-2.3
민간소비	2.8	2.0	1.8	1.9	-5.3	-2.1	-3.7
건설투자	-4.0	-5.1	-1.6	-3.3	-17.5	-9.5	-13.5
설비투자	1.7	-12.3	-3.4	-8.1	-21.5	-15.9	-18.7
지식생산물투자	2.0	2.8	2.7	2.7	1.8	2.0	1.9
수출(재화+서비스)	3.9	0.5	2.7	1.7	-1.9	-2.4	-2.2
수입(재화+서비스)	1.5	-2.6	1.7	-0.5	-4.3	-3.9	-4.1
소비자물가	1.5	0.6	0.2	0.4	0.2	0.4	0.3
경상수지(억 달러)	764	226	373	600	217	263	510
상품수지(억 달러)	1118	369	399	768	385	355	740
서비스수지(억 달러)	-301	-115	-114	-230	-110	-100	-210
실업률(%)	3.9	4.3	3.2	3.8	4.1	4.3	4.2

출처: 한국경제연구원 보도자료 (2020. 4. 9.)

2020년의 세계 경제는 중국에서 발현한 예상치 않은 신종 코로나 바이러스 감염 사태로 인해 세계의 모든 국가들이 경제 침체를 겪는 이례적이고 일시적인 상황에 놓여있다. 그러나 한국의 경우는 코로나 사태가 진정된 이후에도 장기적 측면에서 경제 활동 인구 감소, 고령화 등과 잠재 성장률 하락 등으로 실질 경제 성장률은 지속해서 하락 추세를 유지할 것으로 보인다. 한국 경제연구원은 한국 경제가 이미 코로나 사태 이전부터 기반이 약화되어 있어 코로나 사태가 종식되더라도 한국의 경제위기는 장기화할 가능성이 클 것으로 전망하고 있다.[52]

최근의 이러한 한국의 경제위기 전망을 반영한 장기 잠재 경제성장

52) 한국경제연구원 보도자료 (2020. 4. 9.)

률에 관한 최신 자료는 아직 발표된 바 없다. 다만 비록 5년 전에 발표된 것이기는 하지만, 한국의 장기 경제성장률에 대한 전망은 Global Insight의 2015년 연구 결과를 참고할 수 있다. 이 결과는 당시 IMF 등 여러 국제기구들의 분석 내용과 유사하다. 이들의 분석에 따르면, 노동 인구가 줄어들면서 고용 증가세가 위축되어 향후 한국의 장기적인 경제 성장률은 더욱 낮아질 것으로 보인다. 〈표 8〉에서 보는 바와 같이 Global Insight는 한국 경제의 실질 경제성장률 평균이 2035년까지 2.2%를 유지하다가 그 이후로는 더욱 낮아져 2045년까지 평균 성장률이 1.7% 수준으로 떨어질 것으로 전망하고 있다. 한편 2018년 IMF는 한국의 장기 잠재 성장률을 더욱 하향 조정하여 2050년대 1.2%까지 감소할 것으로 전망하였다.[53)]

〈표 8〉 Global Insight의 장기 실질 경제성장률 전망

(단위:%)

구분	한국	미국	중국	일본	러시아
2015~2035년	2.2(3.3)	2.3(4.3)	5.3(7.8)	0.8(2.7)	2.2(6.0)
2036~2045년	1.7(2.9)	2.3(4.4)	4.7(7.1)	0.7(2.5)	2.1(5.9)

* 주: ( )의 수치는 명목 경제성장률이며, 명목 경제성장률에서 실질 경제성장률을 차감하면 물가상승(GDP 디플레이터)을 나타냄.

출처: Global Insight's World Overview (2015. 9. 15.); 백재옥, 전성진, 이준호 외 9명, 『국방예산 분석·평가 및 중기 정책 방향(2015/2016)』 (국방연구원, 2016), p. 70에서 재인용.

53) IMF 한국 장기 잠재 실질 성장률 전망(IMF Article 4 Consultation-2018)

구 분	2020-30	2030-40	2040-50	2050-60
잠재성장률(%)	2.2	1.9	1.5	1.2

출처: 연합뉴스 인터넷 홈페이지. http://yonhapnews.co.kr/buletn/2018/2/17/0200000000AKR2018021704380HTML (검색일: 2019. 11. 10.)

〈표 8〉에 제시된 한국과 주변국들의 장기 실질 경제성장률 전망치를 반영하여 이들 국가의 장기 GDP를 예측하면 〈그림 7〉과 같다. 이에 따르면 2035년 한국의 실질 GDP는 2017년 GDP 규모의 1.5배가 증가한 2,486조 원, 2045년에는 1.7배 증가한 2,894조 원이 될 것이다. 2050년에는 IMF의 잠재성장률 1.5를 적용하면 GDP 규모는 약 3,000조 원 정도가 될 것으로 예측된다. 이러한 예측은 2018년부터 2050년까지 32년 동안 실질적인 국가 총생산 규모는 2배도 채 증가하지 않을 것이라는 점을 보여주고 있다. 이는 2001년부터 2017년까지 17년 동안 GDP가 약 3배 가까이 증가한 것에 비하면 매우 저조한 수준이다.[54)]

〈그림 7〉 장기 한국 예상 실질 GDP 전망

(단위: 조원, 2018년 불변 기준)

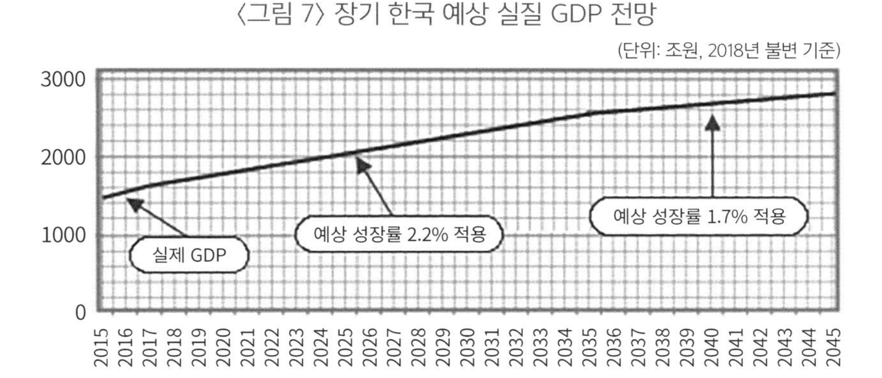

이러한 국가의 경제 성장 부진은 정부의 재정지출에 직접적인 영향을 미치게 될 것이다. 장래의 낮은 경제성장률은 앞으로 국가 재정을 압박하는 중요한 요인으로 작용할 것이다. 게다가 국가 채무가 총 정부지출의 많은 부분을 차지하는 현재의 재정구조가 지속될 경우 장래

54) 2018~2050년까지 명목 GDP 성장률을 적용하여 계산한 2050년 GDP는 약 4,411조원 규모로서 2018년 GDP의 약 2.5배 수준이다.

의 국가 채무가 급속도로 증가되어 2035년 이후에는 대규모로 세입을 확충하거나 정부 지출을 삭감해야 하는 상황이 도래할 것으로 보인다. 이것은 향후 국방비에 부정적인 영향을 초래하게 된다.[55] 더욱이 앞으로 저출산·고령화에 따른 의료 및 복지 수요가 기하급수적으로 증가하게 되어 정부지출 중에서 차지하는 국방비의 규모가 크게 제한을 받게 될 것으로 보인다.

〈표 9〉 한국의 연도별 국가 재정과 국방비

년도	국가 재정지출			국방비			
	총 액 (조원)	GDP 대비 %	증가율 %	총 액 (조원)	GDP 대비 %	재정지출 대비 %	증가율 %
'05	208.7	18.5	6.4	20.823	2.29	11.2	9.9
'06	224.1	19.3	7.4	22.513	2.33	11.0	6.7
'07	237	18.8	5.8	24.497	2.35	11.9	8.8
'08	257.2	19.1	8.5	26.649	2.41	11.4	8.8
'09	284.5	20.2	10.6	28.980	2.52	10.8	8.7
'10	292.8	18.4	2.9	29.563	2.34	11.6	2.0
'11	309.1	18.9	5.5	31.403	2.36	11.5	6.2
'12	325.4	25.8	5.3	32.958	2.39	11.2	5.0
'13	342	25.2	5.1	34.497	2.41	11.5	4.7
'14	355.8	24.8	4	35.706	2.40	11.4	3.5
'15	375.4	24.9	5.5	37.456	2.41	11.0	5.2
'16	386.4	24.9	2.9	38.800	2.40	10.9	3.4
'17	400.5	22.6	3.7	40.335	2.37	10.6	4.0
'18	428.8	22.7	7.1	43.158	2.28	10.1	7.0

55) 백재옥, 전성진, 이준호 외 9명, 『국방예산 분석·평가 및 중기 정책 방향(2015/2016)』(국방연구원, 2016), p. 78.

'19	469.6	-	9.5	46.679	-	9.9	7.4

출처: 1. 국가재정지출: 열린재정(재정정보공개시스템) 홈페이지_알기 쉬운 재정_우리나라 재정현황_중앙재정_국가예산추이(총지출). http://www.openfiscaldata.go.kr/portal/theme/themeProfile22.do (검색일: 2020. 4. 15.) 2. 국방비: 국방부,『국방백서』(2005~2018).

앞의 〈표 9〉에서와 같이 2017년 정부의 재정 지출 규모는 약 380조 원으로 2001년 137조 원에 비해 17년 사이 3배 가까이 증가하였다. 이는 한국의 GDP 성장률과 비슷한 증가율이다. 다만 국가의 GDP에서 정부의 재정 지출이 차지하는 비중이 2012년 이전에는 15~18%대를 유지하였던 반면, 2012년부터는 22~25%로 대폭 증가하였다. 이는 2012년 이후 한국의 경제성장이 둔화된 가운데 정부지출의 비중이 상대적으로 커짐에 따른 현상이다. 2012년 이후 GDP에서 정부지출이 차지하는 비율이 높아졌음에도 불구하고 이 기간의 실질적인 재정 지출 증가율은 그 이전에 비해 대폭 감소되었다. 2001년부터 2011년까지의 재정 지출 연평균 증가율이 12.1%이었던데 비해 2012년부터 2017년까지의 연도별 평균 증가율은 5.6%로서 2000년대 초반 증가율의 절반에도 못 미치는 수준이다.

〈표 10〉 2019~2023년 정부지출과 국방예산

(단위: 조원)

구분	19년*	20년	21년	22년	23년	연평균 증가율
정부 지출 (증가율 %)	469.6 (9.5)	513.5 (9.3)	546.8 (6.5)	575.3 (5.2)	604.0 (5.0)	7.3
국방 예산 (증가율 %)	46.7 (8.2)	50.2 (7.4)	53.4 (6.5)	56.4 (5.7)	59.5 (5.4)	6.2
정부 지출 대비 (%)	9.94	9.78	9.77	9.80	9.85	

출처: 기획재정부,『2019~2023년 국가 재정운용계획 주요 내용』(2019. 8.), pp. 8~12

최근 정부의 2019~2023 국가재정운영계획에 따르면, 〈표 10〉에서 보는 바와 같이 앞으로 2019년부터 2023년까지의 재정 지출은 연평균 증가율 7.3% 수준으로 상향될 것으로 보인다. 재정 지출 증가율이 높다고 해서 국방예산에 반드시 긍정적인 영향을 미치는 것은 아니다. 2019년 정부는 일자리, 혁신성장, 저출산 대응, 소득분배 개선 등의 구조적 문제 해결과 남북 경협 등 4.27 판문점 선언 이행을 위한 지출 소요가 증가할 것으로 전망하고 이에 대비하기 위해 2023년까지 정부지출 규모를 대폭 상향 조정할 것이라고 국가재정운영계획 보고서에 적시하고 있다. 이 기간 동안 국방비는 연평균 6.2%씩 증가함으로써 이전보다는 다소 상향될 것으로 보인다. 그렇지만 정부지출에서 차지하는 국방비의 비중은 과거 11% 수준에서 매년 줄어들어 급기야 2019년에 10% 이하로 떨어졌으며, 앞으로는 계속 9%대를 유지할 것으로 보인다.[56]

장기 국방예산 규모는 안보여건과 미래 군사력 건설 소요, 정부의 재정 부담 능력 등 다양한 변수에 의해 결정될 것이지만, ① GDP 대 국방비 비율, ② 국가 총지출 대 국방비 비율, ③ 연도별 국방비 증가율 등의 지표를 활용하여 미래 국방비를 대략적으로 판단해 볼 수 있다. 첫째 지표인 2000년대 이후 현재까지 연간 GDP 대비 국방비의 평균 비율은 2.38%이며 지표로서의 신뢰성이 비교적 높은 편이다(표준편차 0.21, 정밀도 9.3%). 둘째 지표인 연간 국가재정지출 대비 국방비의 평균 비율은 10%이며 신뢰성이 매우 높다(표준편차 0.4, 정밀도 3.6%). 반면에 세 번째 지표인 2001년 이후 국방비의 연평균 증가율은 6.15%이

56) 기획재정부, 『2019~2023년 국가재정운용계획 주요 내용』 (2019. 8.), pp. 4~14.

며 신뢰성은 매우 낮다(표준편차 2.23, 정밀도 36.3%). 이 세 가지 지표를 활용하여 산출한 장기 국방 예산 전망치는 〈표 11〉과 같다.

〈표 11〉 장기 국방 예산 전망

(단위: 조원)

년도	1)예상 GDP	2)국가재정	장기 국방예산 전망		
			3)GDP 기준	4)국가재정기준	5)증가율 기준
'20	1,940.0	513.5	50.2	50.2	50.2
'21	2,004.1	546.8	53.4	53.4	53.4
'22	2,070.2	575.3	56.4	56.4	56.4
'23	2,138.5	604.0	59.5	59.5	59.5
'24	2,209.1	607.5	53.0	60.8	63.1
'25	2,282.0	616.1	54.8	61.6	66.9
'26	2,357.3	624.7	56.6	62.5	70.9
'27	2,435.1	633.1	58.4	63.3	75.1
'28	2,515.4	641.4	60.4	64.1	79.6
'29	2,598.4	649.6	62.4	65.0	84.4
'30	2,684.2	671.1	64.4	67.1	89.5
'31	2,772.8	693.2	66.5	69.3	94.8
'32	2,864.3	716.1	68.7	71.6	100.5
'33	2,958.8	739.7	71.0	74.0	106.6
'34	3,056.4	764.1	73.4	76.4	112.9
'35	3,157.3	789.3	75.8	78.9	119.7
'36	3,248.8	812.2	78.0	81.2	126.9
'37	3,343.1	835.8	80.2	83.6	134.5
'38	3,440.0	860.0	82.6	86.0	142.6
'39	3,539.8	885.0	85.0	88.5	151.2
'40	3,642.4	910.6	87.4	91.1	160.2

'41	3,748.1	937.0	90.0	93.7	169.8
'42	3,856.7	964.2	92.6	96.4	180.0
'43	3,968.6	992.2	95.2	99.2	190.8
'44	4,083.7	1,020.9	98.0	102.1	202.3
'45	4,202.1	1,050.5	100.9	105.1	214.4
'46	4,307.2	1,076.8	103.4	107.7	227.3
'47	4,414.8	1,103.7	106.0	110.4	240.9
'48	4,525.2	1,131.3	108.6	113.1	255.4
'49	4,638.3	1,159.6	111.3	116.0	270.7
'50	4,754.3	1,188.6	114.1	118.9	286.9

1) 예상 GDP: 명목 성장률 적용 (2023~2035년 3.3%, 2036~2045년 2.9%, 2046~2050년 2.5%)

2) 예상 국가 재정지출: '20~'23년 국가 재정운용계획 반영, '24~'30년 GDP 대비 25~28% 적용, '31~'50년 GDP 대비 25% 적용

3) GDP 기준 국방예산: 2001~2017년 GDP 대비 국방비 평균 비율 2.4% 적용

4) 국가 재정 기준 국방예산: 2001~2017년 국가 재정 지출 대비 국방비 평균 비율 10% 적용

5) 국방비 증가율 기준 국방예산: 2001~2017년 연간 국방비 평균 증가율 6% 적용

〈그림 8〉 예측 기준별 장기 국방예산 규모 비교

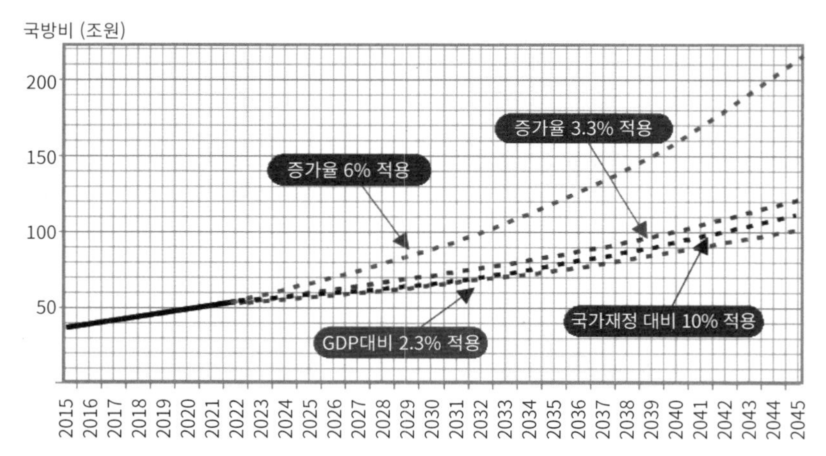

이를 분석해 보면 〈그림 8〉에서 보는 바와 같이 연평균 국방비 증가율 6%를 적용한 미래 국방예산 그래프가 GDP 및 국가 재정을 기준으로 하는 그래프와 동떨어져서 이들보다 2배 이상 높은 수치를 나타냄을 알 수 있다. 반면, GDP 기준 그래프와 국가재정 기준 그래프는 비교적 일정 구간 대에서 상호 수렴되고 있다. 이러한 현상은 앞으로 한국의 잠재 경제 성장률이 2% 대로 낮아지는 것과 깊게 연관되어 있다. 결과적으로 국방비 증가율 6%를 앞으로 계속해서 유지하기는 어려울 것으로 보인다. 비록 비교적 오래전이기는 하지만, 국방연구원이 2016년 자체 분석을 통해 앞으로 국방비 증가율이 3.3% 정도가 될 것으로 예측한 바가 있다.[57] 이러한 점을 종합적으로 판단해 볼 때, 장기적으로 한국의 국방예산 증가율은 최대 4%대, 최소 2%대에서 움직일 것으로 예상된다. 2035년경 국방예산 규모는 정부 총지출 증가율을 고려한다면 대략 3%대 안팎에서 결정될 것으로 예상된다. 우선 중기 국방예산 증가율은 최대 '4% 초반대'로 전망되나 현실적으로는 3%대 구간에 머물 가능성이 높다.

3. 국민 의식의 변화

1990년 냉전 시대가 종식된 이후 전 세계적으로 사람들의 의식 성향이 예전에 비해 매우 변화하였다. 개인주의적 성향이 강해지고 전통을 존중하는 사고방식이 약해졌으며, 시민 정신도 희박해졌다. 근로자

57) 백재옥, 전성진, 이준호 외 9명 (2016), p. 73.

들의 의식 성향도 변했을 뿐 아니라 군인들에게도 더 이상의 애국심과 희생정신을 강조할 수 없게 되어가고 있다는 것이다.[58] 이러한 세계적 분위기는 남북한 대치 상황에서 군사적 긴장도가 매우 높은 한국 사회도 예외가 아니다. 그동안 국가 안보를 최우선이 가치로 여기던 한국의 사회적 분위기가 변화하여 이제는 국민들의 양심적 병역 거부가 정당화되는 시대가 되었다. 2018년 11월 1일 대법원은 종교적 이유에 따른 양심적 병역 거부자에 대해 무죄 판결을 내림으로써 14년 전의 판결을 뒤집고 한국 사회에서 오랫동안 진행되어 오던 논란의 종지부를 찍었다.[59] 이것은 한국 사회의 국민 의식 변화를 반영한 것으로, 유럽 각국의 선례를 볼 때 앞으로 국민들의 병역 회피가 심각한 사회적 문제로 부각하고 또 다른 사회 갈등 요인이 될 가능성이 있다. 독일은 1949년 헌법에 명시하여 양심적 병역 거부를 합법화하였으며, 이로 인해 1955년에 독일 연방군이 창설될 당시부터 양심적 병역 거부자들에게 대체복무를 허용해왔다. 이 제도는 처음 시행 당시부터 2011년 징병제가 폐지될 때까지 '양심'에 대한 규정의 애매함으로 인해 지속해서 독일 사회의 논란이 되어왔다. 또한, 양심적 병역 거부제도가 시행된 초기에는 독일의 병역 거부 신청자가 그리 많지 않았지만 시간이 경과하

---

58) Philippe Manigart, "Restructuring of the Armed Forces," 『Handbook of the Sociology of the Military』 (New York: Kluwer Academic/Plenum Publishers, 2003), p. 326.
59) 2004년 종교적 신념이 병역 거부의 정당한 사유가 되는지에 대한 대법원 판결에서 대법관 12명 중 11명의 다수 의견으로 '양심적 병역 거부는 정당한 사유가 아니다'라고 판결하였다. 이후 2018년 6월 헌법재판소는 양심적 병역거부자에 대한 처벌 조항에 대해 합헌 결정을 내렸다. 그러나 2018년 11월 1일 '여호와 증인' 신도가 지난 2013년 현역병 입영 통지서를 받고도 입영하지 않은 혐의로 기소된 사건에 대한 대법원 전원 합의체 판결에서는 8:4의 다수 의견으로 원심을 깨고 무죄 취지의 결정을 내렸다. 문경현, "종교적 병역거부자 앞으론 감옥 안간다," 『중앙일보』 (2018. 11. 2.), 1면.

면서 대폭 증가되었다.

〈표 12〉 독일의 양심적 병역 거부 신청자 현황

년도	1955	1989	1991	1993	1995	1997	1999	2001
인원(명)	약 5,000	75,756	150,722	130,041	160,493	155,239	174,198	182,420

출처: 정원영, "병역제도의 진보적 논의 추이에 대한 소고," 『주간국방논단』 (2003. 11. 17.), p. 3.

〈표 12〉와 같이 창설 당시에는 약 5천 명이던 병역 거부 신청자가 1989년에는 약 7.7만 명으로 증가하였고 2000년에는 18.2천 명에 이름으로써 병역 대상자의 약 1/3 수준이 병역 거부를 신청하였다.[60] 다행히도 독일의 경우는 상비군의 규모를 축소하던 상황이었기 때문에 병역 거부자의 증가가 현역 충원에 큰 문제가 되지는 않았지만, 한국의 경우 독일의 사례와 같이 병역 거부 신청자들이 급증한다면 병역 자원 수급에 큰 문제가 될 뿐 아니라 병역 형평성 문제 등의 정치적·사회적 갈등으로 확대될 수 있다.

병역의무 대상자로서 청소년 가치관의 변화도 병역 환경의 변화에 큰 영향을 미치게 된다. 1990년대부터 부각한 새로운 청소년 세대의 사고방식은 개인적 관심에 강한 집착과 열정을 갖는 자기중심주의이며, 자기만족을 중시하는 현실주의 성향을 띤다. 또한, 권위주의를 배격하고 합리성과 형평성을 중시하는 사고방식을 가지고 있다. 이러한 청소년들의 행동 양식은 집단적인 행동보다는 개별 행동, 타인에 의해 부여되는 것보다는 자기 스스로 선택하는 것을 선호하는 경향이 있

60) 정원영, "병역제도의 진보적 논의 추이에 대한 소고," 『주간국방논단』 (2003. 11. 17), p. 3.

다. 이러한 청소년들의 특징은 향후 병 획득 제도와 군 조직 운영에도 직·간접적으로 영향을 미칠 것이다.[61] 이들은 제도의 형평성에 대해 매우 민감한 반응을 보이게 될 것이며, 자신의 선택에 의한 병역 참여를 강조하고, 군내 불합리 및 부조리에 대한 반감과 이에 따른 부적응 현상이 더욱 두드러질 것이다. 〈그림 9〉를 보면 병영 생활에 고충을 겪는 병사들의 수가 매년 급증하고 있음을 알 수 있다. 최근 사회적으로 논란이 된 병영 내 '갑질'과 인권 침해 논란들도 이러한 청소년의 가치관 변화와 부모들의 군에 대한 인식 변화와 무관하지 않다. 이것은 병영환경의 개선과 군 조직 문화를 획기적으로 바꾸지 않는다면 향후 군 조직 구성원들 간의 마찰 요인이 더욱 증가함으로써 사회의 대군 불신과 군 조직의 지휘 관리 비용을 증가시키는 반면 군 조직의 결속력과 전투력을 약화시키는 요인으로 작용할 것이다.

〈그림 9〉 병사들의 병영 생활 고충 상담 건수

(단위: 건)

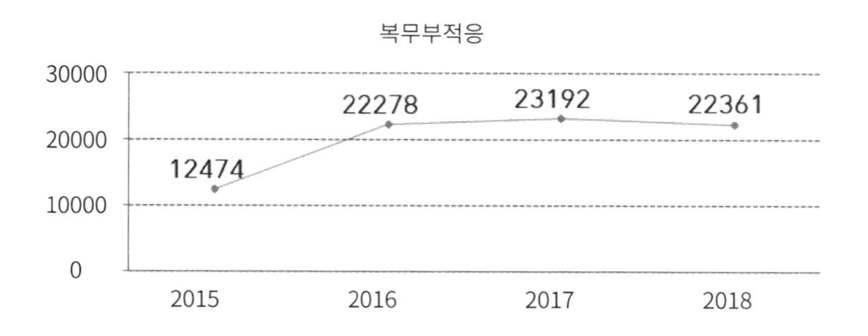

61) 정주성, "중장기 병역정책의 발제와 발전방향," 『국방정책연구』제25권, 제3호(2009), p. 15.

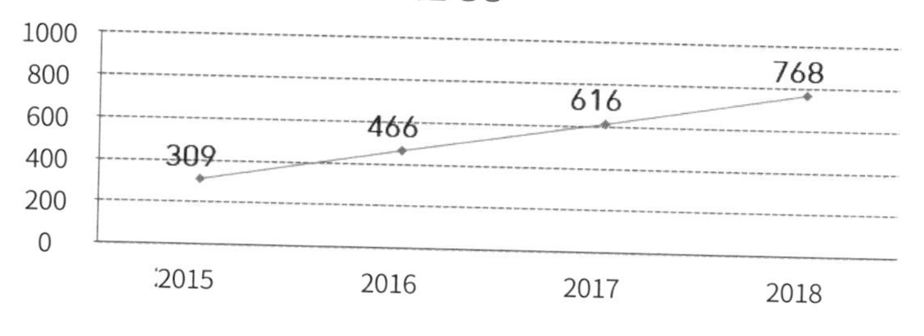

출처: 2019 국방통계 연보 (국방부, 2019. 11.), pp. 118-119 참조

한편 한국 사회의 평균 자녀 수(합계출산율)는 1970년 4.5명에서 2000년 1.5명, 2014년 1.2명, 2017년 1.05명, 2018년 0.98명, 2019년 092명으로 떨어져 역대 최저치이자 오늘날 세계에서 가장 낮은 수치를 기록하고 있다.[62] 한 자녀를 가진 가구가 한국 사회 전체 가구의 절반 이상을 차지하고 있다.[63] 이러한 가구 구조의 변화는 부모의 관심과 애착이 한 자녀에 집중되는 현상을 초래한다. 과거에는 부모들이 '군에 간 자녀는 국가의 자식'이라는 생각에 군에 보낸 자녀를 군에 일임하고 자녀의 군 생활에 대해 직접적인 관여를 자제했다 한다면, 오늘날에는 징집된 자녀들의 병영 문제와 군의 병영정책에 대해 높은 관심을 보이며 직접 관여하고 있다. 이러한 현상은 앞으로 한 자녀 가정의 비율이 높아지면서 더욱 심화할 것이다. 이것은 군의 병력 운용의 유연성을 제한하고 병력 유지비용을 증가시키는 요인이 된다. 하나밖에 없는 귀중한 자녀가 군에 입대하여 사고를 당하거나 전사를 할 경우, 군에 대한 불신이 증대되고 전쟁에 대한 부정적 여론이 증가할 것이다. 특히

62) 통계청 인구 통계 자료(2019. 11.)
63) 2009년도 통계청 보도자료에 따르면 한 자녀 가구 51.2%, 두 자녀 가구 36.5%, 세 자녀 이상 가구 12.3%인 것으로 나타났다. 통계개발원, "한국의 차별 출산력 분석," (통계청 보도자료, 2009. 10. 12.)

피해 대상이 의무 복무하는 병사일수록 국민의 관심과 부정적인 여론은 더욱 증폭되는 경향이 있다. 이러한 점에서 볼 때, 징집병의 규모가 클수록 병력 운용에 따르는 사회적 비용과 관리 부담이 더욱 증가하는 반면, 지휘관들의 병력 운용의 폭과 융통성은 더욱 제약을 받게 될 것이다.

이러한 사회적 분위기 속에서 국민과 정치권의 모병제에 대한 요구가 점증하고 있다. 국방부와 군 관련 전문가들은 현재의 국가 안보 상황, 국방예산 증가 등 현실적인 문제들을 들어 모병제는 시기상조라는 입장을 지니고 있다.[64)]

〈표 13〉 민간 여론조사 기관의 병역제도 관련 대국민 여론조사 결과

일 자	조사기관	대상자	모병제 여론조사 결과		
			찬성	반대	모름
2011. 8. 13.	리얼미터	500명	15.5%	60%	24.5%
2016. 9. 7.	리얼미터	538명	27%	61.6%	11.4%
2016. 9. 27.	한국갤럽	1,004명	35%	48%	17%
2019. 11. 11.	리얼미터	501명	33.3%	52.5%	14.2%
2019. 11. 11.	알앤써치	1,031명	44.5%	44.1%	11.3%
2019. 12. 1.	미디어오늘·리서치뷰	1,000명	52%	37%	11%

출처: 『국민일보』(2016. 9. 8./9. 30.), 데일리안(2019. 11. 12), dongA.com (2019. 11. 11.),미디어 오늘(2019. 12. 5.)

그러나 근래 들어 국민 사이에서는 서서히 모병제에 대한 지지 여론이 더 우세한 것으로 나타나고 있다. 2016년에 한 여론조사 기관이 실

64) 조관호, 이현지, "외국 사례 분석을 통한 미래 병력 운영 방향 제언," 『주간 국방논단』(한국국방연구원, 2017. 2. 6.); 김광식, "유럽 병역제도 변화에 따른 한국적 시사점," 『주간 국방논단』(한국국방연구원, 2012. 3. 12.)

시한 모병제 도입에 대한 대국민 여론조사 결과를 보면 〈표 13〉과 같이 징병제를 유지해야 한다는 의견이 61.6%로서 모병제로 전환해야 한다는 의견 27%보다 2배 이상 높은 것으로 조사되었다.[65] 다른 여론조사 기관이 실시한 대국민 여론조사 결과에서는 징병제 유지 의견이 48%, 모병제 도입 의견이 35%로서 상대적 비율에는 차이가 있지만 징병제를 찬성하는 국민들의 의견이 더 강한 것으로 나타났다.[66] 그러나 2019년 11월과 12월에 여론조사 기관들이 실시한 모병제 관련 국민 여론조사에서는 '점진적' 모병제를 찬성하는 국민들의 여론이 증가한 것으로 나타나, 시간이 흐름에 따라 국민 의식이 점점 변화하고 있는 것으로 추정된다.[67]

조사 결과를 좀 더 들여다보면 향후 여론의 변화 가능성을 예측할 수 있다. 2011년에 리얼미터가 실시한 대국민 여론조사에서는 모병제 도입에 반대하는 의견이 60%로서 모병제 도입에 찬성하는 의견 15.5%보다 4배 이상 높았다. 같은 해에 국방대학교 안보문제연구소가 실시한 대국민 안보의식 여론조사에서도 징병제 유지 의견이 70:25로 모병제 도입 의견에 비해 압도적으로 우세하였다.[68] 이런 사실을 고려해 볼 때 2016년과 2019년의 여론조사 결과는 모병제 도입 의견이 시간이 지남에 따라 점점 늘어나고 있음을 보여주고 있다. 또한, 2016년과 2019년 여론조사 결과, 징병제는 50대 이상의 국민에게서 우세한 반면, 40대 이하의 국민은 모병제를 선호하는 비율이 높은 것으로 나타났으

65) 김영석, "국민 10명중 6명 모병제, 시기상조... 징병제 유지" 『국민일보』(2016. 8. 8.)
66) 김영석, "징병제 유지 48%, 모병제 도입 35%" 『국민일보』(2016. 9. 30.)
67) 박태근, "월급 300만원 모병제, 반대 52.5% vs. 찬성 33.3%," 『동아일보』 (2019. 11. 11.)
68) 국방대학교, "2012 범국민 안보의식 여론조사" (국방대 안보문제연구소, 2012.)

며,[69] 대체로 보수 성향을 지닌 국민이 징병제를 선호하는 반면, 모병제는 진보적 성향을 지닌 국민이 선호하였다.[70] 이러한 사실들은 시간이 지나면서 징병제를 주장하는 현재의 50대 이상 국민이 차지하는 비율이 점차 줄어드는 반면, 앞으로 사회가 더욱 탈이념화되고 국민들의 진보적 성향이 강화되는 추세가 지속될 것이라는 점에서 향후 2020년 이후 모병제에 대한 국민들의 요구가 더욱 증대될 것임을 보여준다.

한편, 가장 최근에 실시한 모병제 여론조사에서 모병제를 찬성하는 이유로는 ①병역문제로 인한 차별 논란과 병역비리 등 사회적 갈등을 해소할 수 있으므로(29%), ②남·녀 구분 없이 청년들에게 안정된 일자리를 제공할 수 있으므로(18%) ③인구절벽으로 병역자원 확보가 갈수록 어려워지므로(17%) ④첨단과학기술 발달로 현재 50만 병력이 필요하지 않기 때문에(16%) ⑤복무 기간 단축으로 저하된 전투숙련도의 질적 향상이 기대되므로(15%) 순으로 나타났다. 모병제를 반대하는 이유로는 ①북한의 도발에 대응하기 위해서(27%) ②모병제는 포퓰리즘 정책이라서(27%) ③막대한 예산이 소요되기 때문에(19%) ④중하위 계층이 지원하면서 사회적 위화감이 커질 수 있어서(15%) ⑤여군들이 많아지면 군 전력이 약화될 수 있으므로(7%) 순으로 나타났다.[71] 이

69) 2019.9.7. 리얼미터 여론조사 연령대별 결과

구분	60대 이상	50대	40대	30대	20대
징병제 유지	82.0%	65.0%	60.3%	47.3%	46.7%
모병제 전환	10.5%	25.5%	35.4%	29.8%	38.9%

70) 정도원, "모병제 찬성 44.5%, 반대 44.1% 초박빙," 『데일리안』 (2019. 11. 11.)

구분	새누리당 지지자	국민의당 지지자	더불어민주당 지지자	정의당 지지자
징병제 유지	77.4%	70.4%	49.7%	41.1%
모병제 전환	16.1%	22.1%	41.5%	50.8%

71) 장슬기, "모병제 도입 찬성 66%, 반대의견 듣고 나면?" 『미디어오늘』(2019. 12. 5.) http://www.mediatoday.co.kr/news/article View.html?idxno=204002 (검색일: 2020. 4. 15.)

려한 국민들의 의식을 볼 때, 앞으로 점차 경제·사회가 발전하면서 과학기술이 고도로 발달하고 국민들의 근로에 대한 정당한 보상, 직업의 고급화와 전문화 요구가 증대된다는 점에서 향후 모병제 이유의 설득력이 보다 강화될 것으로 보인다.

한편 군내에서도 여전히 징병제 유지에 대한 주장이 우세한 가운데 모병제에 대한 긍정적인 여론이 점차 확산하는 추세이다. 한 연구 결과에 따르면 비록 국가 재정 부담, 예비전력 운용, 소요 병력 충원 등에서는 징병제가 유리하지만, 국방정책 수행, 평화유지 능력, 경제 성장 기대치, 사회적 병역 인식, 상비전력 정예화 측면에서 지원병제가 더 유리하다. 따라서 현재의 징병제 병역제도를 개선할 필요가 있다는 인식이 군내에서 우세(모병제 71.95점 : 징병제 69.33점)한 것으로 분석되었다.[72]

4. 사회 환경의 변화

가. 여성의 사회참여 증대

병역제도에 영향을 미칠 수 있는 사회적 변화로 여성들의 사회 참여 증대를 들 수 있다. 여성의 사회 참여 확대는 세계적 추세로서, 한국의 경우 선진국에 비해 여성의 사회참여가 다소 저조한 실정이긴 하지만 점차 여성의 사회 참여 폭이 점차 넓어지고 있다. 세계적으

72) 설문 조사 대상은 전문가 및 실무자 170명이었으며, 이중 군인은 44명으로 25.9%이었다. 이웅, 『미래 병역제도의 합리적 대안 모색에 관한 연구: 의무병제와 지원병제의 비교를 중심으로』 (서울시립대학교 대학원 행정학과 박사학위 논문, 2017).

로 여성의 군대내 역할은 한국군에 비해 월등하게 확대되어 있다. '양성 평등(gender equality)'의 사회적 가치가 이제는 '양성 중립(gender neutral)'으로 진화하고 있는 북유럽 국가들은 이러한 사회적 흐름을 반영하여 여성의 직무를 특정 분야에 한정하지 않고 남녀 구분 없이 병역의무를 이행하도록 하고 있는 추세이다.[73] 2013년에 노르웨이는 여성의 징병제 도입을 결정하여 현재 시행하고 있다. 이에 따라 1997년 이후 출생한 모든 국민은 병역의무가 부과되며 여성도 남성과 동일하게 기본 군사훈련(12개월)과 예비역 복무(최장 55세까지)를 할 수 있게 되었다. 스웨덴도 2010년 징병제에서 모병제로 전환하였다가 2018년 1월부터 다시 남녀 징병제를 도입하면서 여성의 징집 비율을 약 30% 정도로 하여 남성과 동일하게 9~11개월 복무하도록 하였다. 이들은 남녀 구분 없이 같은 생활관을 사용한다. 이스라엘의 경우 여성들도 남성들과 동일하게 현역병으로 의무 복무한다. 다만 복무 기간이 남자들은 3년에 반해 여자들은 2년이다. 이들은 국방의 의무를 여자들도 예외 없이 수행해야 한다는 국민적 합의가 형성되어 있는 국가들이다. 〈표 14〉를 보면 현재 세계 주요 선진국들의 군내 여군 비율은 한국군에 비해 매우 높은 수준임을 알 수 있다.

〈표 14〉 주요 국가의 군내 여군 비율 (2019년 기준)

국가	미국	영국	프랑스	스웨덴	이스라엘	일본	러시아	중국	북한	한국
여군비율 (%)	14.6	7.0	8.0	30	30	4.1	10.4	6	15	6.8

73) 윤석준은 '양성평등(Gender equality)'을 양성 모두에게 동등한 기회와 의무를 부여해야 하는 것이라면, '양성 중립(Gender neutral)'은 사회 생활에서 양성간 차이 자체를 없애고자 하는 것으로 정의하였다. 윤석준, "양성평등 문화 성숙한 국가서 여성 징집제 정착," 『국방일보』 (2018. 8. 10.)

〈그림 10〉 한국의 여성 경제활동 인구 및 참가율 변화 추이

출처: e-나라지표, http://www.index.go.kr/potal/main/EachDtlPageDetail.do?idx_cd=1572 (검색일: 2020. 4. 15.)

이런 나라들과 한국 사이에는 사회 문화 및 국민 의식 등에 많은 차이가 있어 여성의 높은 수준의 사회 참여를 똑같이 한국 사회에 적용하는 것은 다소 무리가 있을 수 있다. 그러나 한국 사회도 〈그림 10〉과 같이 2000년대로 들어오며 여성의 사회 참여가 급속도로 확대되어 현재 전체 여성 인구의 52.5%가 경제활동에 참여하고 있으며, 〈표 15〉에서와 같이 전체 공무원의 55%가 여성 공무원으로서 남성 공무원보다 많다. 여성의 권익과 교육수준이 계속 향상되고 있는 오늘날의 추세를 볼 때, 한국 여성들의 사회 참여는 앞으로 더욱 증대될 것이다. 향후 여성의 사회적 역할이 현재보다 더욱 확대된다면 여성의 국방 참여는 유럽과 마찬가지로 자연스러운 현상으로 자리 잡게 될 것이다. 최근 한국의 여성들 내부에서도 스웨덴이나 이스라엘과 같이 징병제든 모병제든 불문하고 여성의 군내 여성 비율과 역할의 확대가 필요하다는 여론이 점차 증가하고 있다. 이들의 주장은 한국 사회도 남녀평등 차원에서 여성들의 병역의무 이행에 대한 진지한 고민이 필요한 시점이 되

었다는 것이다.[74)]

〈표 15〉 한국 정부 기관의 여성 공무원 비율 (2018. 12.)

년도	계	일반직	경찰	소방	교육	외무
여성 공무원수 (명)	48만 8,387	22만 729	1만 4,349	4,038	26만 4,333	708
전체 공무원 대비 여성 비율	55%	42.2%	11%	8.3%	71%	36.7%

출처: 인사혁신처, 『2019년 인사혁신 통계연보』(2019. 6.), pp. 23~24.

만일 여성들의 군 참여와 역할이 증대된다면 향후 저출산·고령화에 따른 남성 병역 자원의 감소 문제를 완화할 수 있는 효과적인 대안이 될 것이다. 현재 한국군은 여군 인력의 활용을 확대하기 위한 법을 제정하여 여군 인력을 연차별로 증가시키고 있다.[75)] 이로 인해 군내 여군 비율은 매년 꾸준히 증가 추세에 있다. 2016년 1만 263명으로 전체 간부의 5.5% 수준이었던 한국군 내 여군의 수는 2018년에는 1만 1,393명으로 전체 병력의 6.2%, 2019년에는 1만 2,602명으로 전체의 6.8%로 증가하였다. 여군의 비율은 국방개혁 2.0에 따라 2022년까지 정원의 8.8%에 이르게 될 전망이다. 그러나 이러한 여군의 비율은 다른 선진국들에 비해 여전히 부족한 수준으로 앞으로도 더욱 확대시킬 여지가 충분하다고 본다. 현재 군내에서 행정·정보·통신·간호병과 등의 분야

74) 윤지원, “모병제 도입, 세계 주요 국가들의 모병제 현황과 대안 모색: 저출산 초고령화 시대, 여군의 역할과 병역 확대,” 『국방과 기술』 제452호 (한국방위산업진흥회, 2016), pp. 76-83; 권인숙, “징병제의 여성참여: 이스라엘과 스웨덴의 사례 연구를 중심으로,” 『여성연구』 제74권 제1호 (2008), pp. 171-212; 김엘리, “여성의 군 참여 논쟁: 영미 페미니스트들의 평등 프레임과 탈군사화 프레임을 중심으로,” 『한국여성학』 제32권 제1호 (한국여성학회, 2016), pp. 143-189.

75) 국방개혁에 관한 법률 제16조 (2010. 7. 1.), 동법 시행령 제9조 (2014. 11. 19.)

에 제한적으로 여군을 활용하고 있으나, 앞으로는 군이 점차 과학화되고 기술 집약형 구조로 발전됨에 따라 여성의 특성을 활용할 수 있는 분야가 대폭 확대될 것이다.

나. 민간 군사기업(PMC)의 확대

여성 인력의 사회 참여 확대와 더불어, 민간 군사기업(Private Military Companies: PMCs)의 군사 업무 참여 확대 추세는 향후 인구 절벽 시대에 병역 자원 부족 문제를 완화할 수 있는 유용한 방안으로 보인다. 이라크 전쟁과 아프간 전쟁과 같은 최근의 현대전은 전쟁이 군인들에 의해서만 수행된다는 과거의 전통적 관념을 깨는 계기가 되었다. 더 이상 전쟁은 군인들만의 전유물이 아니며 전쟁을 효과적으로 수행하기 위해서는 민간인들의 전쟁 개입이 필수적이라는 인식이 세계적으로 확산되고 있다.

미 의회에 제출된 자료에 따르면 미군이 아프간 전쟁과 이라크 전쟁을 비교적 성공적으로 수행할 수 있었던 데는 민간 계약자와 민간 군사기업들의 전문적인 역량에 힘입은 바가 큰 것으로 평가되었다.[76] 2011년 아프가니스탄에 투입된 민간 계약자 수와 현역의 비율은 0.84:1이었으며, 이라크의 경우는 1.25:1로서 전쟁에 투입된 민간 계약자의 숫자와 군복을 입은 정규군 병력이 〈그림 11〉과 같이 거의 비슷한 수준이었다. 민간 계약자들은 무기로 무장하였으며, 주요 요원 경호뿐만 아니라 포로 심문, 군사 자문, 전술 활동, 정보 획득, 주둔지 방호, 물자 수송 등 과거에 군인들이 수행하던 군사작전 영역으로 활동 범위를 넓혔

76) 김종열, "민간 군사기업의 성장과 대비방향에 관한 연구," 『한국군사학논집』 제69권 제1호 (육군사관학교 화랑대연구소, 2013), p.84.

다. 오늘날 민간 군사기업은 범세계적으로 적법하게 활동하고 있으며, 그동안 금기시되었던 용병 집단과는 달리, 합법적인 이윤 추구만이 아닌 세계 평화를 위한 하나의 효율적인 수단으로 평가되고 있다. 민간 군사기업의 군사적 효용성은 아프가니스탄 전쟁과 이라크 전쟁 외에도 앙골라, 시에라리온, 인도네시아, 파푸아뉴기니 등지에서 민간 군사기업이 작전에 참가하여 반군들을 협상장으로 끌어들이고 국제기구의 인도적 지원 활동을 보장하는 과정에서도 잘 나타났다.[77]

〈그림 11〉 이라크 전쟁 당시 민간 계약자 규모

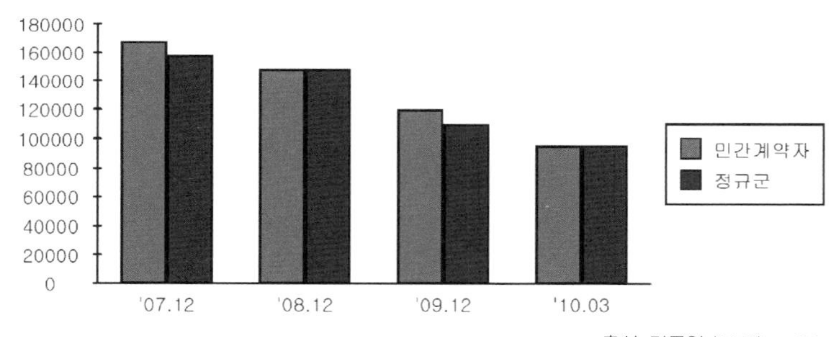

출처: 김종열 (2013), p. 90.

이러한 민간 군사기업의 성장은 기존의 시민군 모델과 전문 직업군인 모델에 대한 새로운 도전으로 간주되며 신자유주의 논리가 이를 뒷받침하고 있다.[78] 1980년대 이후 범세계적으로 확산하고 있는 신자유주의 사상은 기존에 정부가 수행하던 많은 공공 서비스 부문을 민영화

77) Herbert M. Howe, "Private Security Forces and African Stability: the Case of Executive Outcomes," Journal of Modern African Studies, Vol. 36, No. 2 (1998).
78) 조한승 (2013), p. 114.

하는 데 영향을 미쳤으며 이는 군사 분야에서도 예외가 아니었다.[79] 영국은 1980년대 대처(Margaret Thatcher) 수상이 국영기업의 민영화와 분산화를 대대적으로 전개하면서 우편, 교통, 상하수도 등뿐만 아니라 군사 부문까지 확대하여 정책결정 책임의 일부를 민간 기업으로 전환하였다. 미국의 경우는 레이건 대통령 이후 확대되기 시작하여 1986년부터 국방개혁 차원에서 국방 분야의 아웃소싱이 본격적으로 추진되었다. 초기에 작전 지원 등의 비전술적 임무에 국한되던 민간 계약자 또는 민간 군사기업의 활동 범위는 〈표 16〉에서 보듯이 그동안 정규군의 영역으로 간주되었던 전투 및 전술 분야로까지 확대되고 있다.

〈표 16〉 이라크 전 당시 미국의 민간 군사기업과 활동 분야

구분	대표적 회사	활동/서비스 제공 영역
순수 작전 민간군사기업	Dyncorp Armor Group	· 방호 서비스(근접방호, 전투물자 방호, 컨보이 등) · 교육훈련 및 군사자문 · 정보수집(정찰,각종 조사활동 등) · 항공자산 지원
전투근무지원 민간군사기업	KBR AECOM	· 각종 군수지원 업무 · 의료 서비스 · 주둔지 방어 및 유지 지원 · 폭발물 처리
대형 민간군사기업 (군산복합체)	Northrop Gruman L-3, MPRI LY Coleman Lockheed Martin, DS2, PAE, Sytex	· 작전활동 참여 및 · 전투근무지원 영역 포함 · 전술장비의 운용 및 정비 · IT/IS 서비스 · 지휘·통제·통신시스템 지원

79) 신자유주의 경제학자 밀튼 프리드만(Milton Friedman)은 자본주의의 미래는 국가 권력의 제한과 시장경쟁 논리에 따른 힘의 균형으로 나타날 것이라고 설명하면서 이러한 시장경쟁 논리가 국방정책에도 적용될 수 있다고 주장했다. Milton Friedman, Capitalism and Freedom (Chicago: University of Chicago Press, 1962.), p. 36; 조한승 (2013), p. 115에서 재인용.

민간 군사기업은 경제적 측면에서 국가의 비용을 적게 들이고 군에 필요한 인력이나 기술, 장비를 제공할 수 있다. 이들은 과거 경험자나 숙련된 전문가를 군에 제공할 수 있는 능력을 보유하고 있으며, 실제로 군사 전략가로부터 컴퓨터 해커, 특전 요원에 이르기까지 방대한 글로벌 인적 데이터를 확보하고 있는 것으로 알려져 있다.[80] 민간 군사기업의 참여는 앞으로 더욱 확대될 전망이다. 최근 전쟁 양상이 대규모 정규전의 형태에서 안정화 작전, 평화유지 작전, 대테러전 등 민간인을 상대로 하는 비전통적 작전 형태로 변모함에 따라 효과적인 작전수행을 위해 민간인과 협조하고 민간 인력을 사용할 수밖에 없는 환경이 조성되면서 민간 전문가들의 군사작전 참여가 더욱 필요하게 될 것이다. 또한 군사 과학기술의 발전으로 인해 무기 체계와 장비들이 첨단화·디지털화된 전장 환경 속에서 군사작전의 기술 의존도가 심화함에 따라 민간의 군사 참여 필요성은 더욱 증대될 것이다. 민간 군사기업의 또 다른 장점이 민주주의 시대에 국가의 전쟁 부담을 덜어줄 수 있다는 점이다. 오늘날 국민들은 자국군의 희생에 매우 민감하다. 실제 이라크 전쟁 당시 미국 언론들은 유니폼을 입은 정규군의 사망자수를 매일 보도함으로써 부시 행정부의 정쟁 수행에 대한 여론을 크게 악화시켰다. 이른바 '보디 백(body bag) 신드롬'은 민주주의 국가가 전쟁을 수행하는데 커다란 부담으로 작용하였다.[81] 반면 이라크 전쟁에서 정규군의 피해보다 민간 군사요원의 피해가 2배 이상 높았음에도 불구하고, 국민들이나 언론은 이들의 희생에 대해서는 별 관심을 기울이지 않았다. 이러한 사실은 국가가 전쟁을 수행하는 과정에서 발생하

80) 김종열 (2013), p. 84.
81) 조한승 (2013), p. 124.

는 피해자의 규모를 실제보다 작게 느끼게 하고 국민들의 여론 악화를 방지할 수 있다는 정치적 논리를 뒷받침한다.[82)]

아직 우리나라에는 민간 군사기업이 활성화되어있지 않지만 세계적 추세에 따라 점차 활성화될 것으로 예측된다.[83)] 국민들 사이에서 민간 군사기업에 대한 관심이 점차 확산되고 있으며, 이에 대한 학문적 연구도 증가하고 있다.[84)] 우리나라의 경우, 1960년대 베트남 전쟁 당시 '한진상사'가 베트남 작전지역에 투입되어 주월 한국군을 지원하여 도로 개설, 시설 공사, 물자 공급 등 민간 군사기업과 유사한 활동을 수행한 바 있지만, 이후에는 한국군이 작전 수행을 위해 민간 기업을 활용한 사례가 없다. 다만 해외 파병시 일부 분야에 대해서만 국내·외

---

82) 2011년 미 의회 보고서는 이라크와 아프가니스탄에서 민간 계약자의 사망 확률이 정규군의 사망 확률보다 2.75배 더 높았다고 기술하고 있다. Moshe Schwartz and Joyprada Swain, "DoD Contractors in Iraq and Afganistan Background and Analysis," Congressional Research Service Report (May 2011), p. 10; Rory Fogarty, "Private Contractors in Iraq: Death, Democracy and the American Public 2001-2007," Master thesis of Arts, University College Dublin (2010), pp. 39~42; 김종렬(2013), p. 95에서 재인용.

83) 현재 국내 민간 군사기업으로는 주로 특전사 출신 및 이라크 파병 경험자들로 구성된 'Shield Consulting (2007년 설립)'과 'Bullet-K(2010년 설립)', 'Intel Edge', 'Mantive' 등 10여개 용역 업체가 활동하고 있는 것으로 알려져 있다. 여기에 추가하여 조만간 군인공제회가 시설방호 관련 민간 군사기업 시장에 진출할 예정이라고 한다. 최승욱, "군인공제회, 민간 군사기업 시장 진출... 글로벌 기업들과 경쟁할 것," 『한국경제』 (2015. 11. 27.)

84) 2018년 말에 민간군사기업(PMC)을 소재로 한 영화가 상영된 바 있으며, 민간 군사기업의 활성화 방안을 주제로 한 학위 논문이 2000년 이후 꾸준히 증가하고 있다. 대표적인 논문으로는 곽선조,『민간 군사기업의 실태분석을 통한 국내 도입 타당성과 법제화 모색』(경기대학교 일반대학원 박사학위 논문, 2016); 정원일,『민간 군사기업 육성 정책에 관한 연구』(한남대학교 일반대학원 박사학위 논문, 2018); 김상진, 『델파이 기법을 이용한 민간 군사경비업의 도입과 발전과제』 (경기대학교 일반대학원 박사학위 논문, 2008); 김기훈,『제대군인의 전문성 발휘 제공 방안에 관한 연구: 민간 군사기업을 중심으로』(대전대학교 대학원 박사학위 논문, 2016) 등이 있다.

민간기업과 제한적으로 외주를 통해 진행하고 있다. 현재 국내의 민간 군사기업들은 대부분 중동 및 아프리카 등 해외에서 현지 공사현장 경비 및 보안업체 훈련 등을 담당하고 있으며,[85] 일부 업체는 아프가니스탄 한국국제협력단(KOICA)나 이라크 한국 대사관의 경호경비 업무를 맡고 있다.[86]

한편 일각에서는 이러한 민간 군사기업이 정규군을 대체할 수 있는 21세기 새로운 안보환경에 적합한 대안으로 설정하기에는 다소 무리가 따른다는 지적이 있는 것도 사실이다. 비국가 행위자의 무력 사용을 정당화하는 것은 향후 국가의 통제를 벗어나 무력을 사유화함으로써 더 큰 재앙을 유발할 수 있다는 우려를 낳고 있다. 또한, 윤리적으로 비난받고 있는 과거의 용병과 민간 군사기업 간의 차이를 뚜렷하게 구분 짓기 어려운 측면도 내포하고 있다. 따라서 만일 군사작전에 민간 계약자나 군사기업을 투입하여 군사작전을 수행하게 한다면 국민적 비난과 저항을 받을 수도 있다. 그렇지만 현재 정규군이 수행하는 교육 훈련, 통로 개척, 경계, 통신, 의무, 정보 획득 및 분석, 정비 지원, 수송, 보급, 선무 활동 등 비전투 분야의 임무는 충분히 민간 용역이 가능할 것이라는 점에서 볼 때, 향후 2020년대의 초저출산·초고령 시대에 병역 자원 부족으로 발생하는 문제점들을 해결할 수 있는 효과적인 대안이 될 수 있을 것이다.

---

85) 이유정, 『민간군사기업(PMCs)의 성립과 그 법률관계에 따른 분쟁의 중재 가능성』 (이화여자대학교 법학과 석사학위 논문, 2015), p. 31.
86) 곽선조, (2016), p. 64.

5. 제4차 산업혁명 신기술의 등장과 전투 양상의 변화

〈그림 12〉 4차 산업혁명 시대의 주요 핵심기술

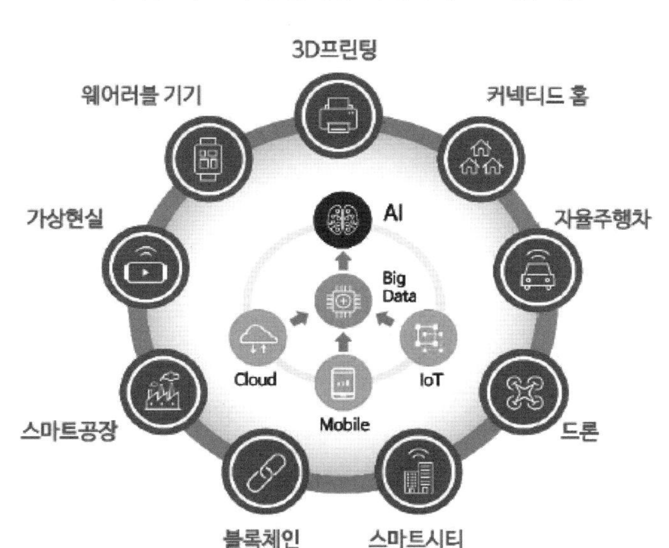

아주 오래전 인류 역사에 바퀴가 발명되고 마차가 등장하면서 인간과 물자의 이동에 일대 혁명이 일어났다. 그로부터 수십 세기가 지난 19세기 말, 동력과 자동차의 등장은 물류 이동의 확대와 시간의 획기적 단축을 가져왔으며, 20세기 초 항공기의 등장은 인류의 2차원 활동 공간을 3차원으로 확대시켰다. 이러한 과학기술의 발전은 인간의 삶의 모습을 완전히 다른 모습으로 변화시켜 왔을 뿐 아니고 전쟁의 양상도 완전히 바꾸어 놓았다. 〈그림 12〉와 같이 소위 '제4차 산업혁명'이라 일컬어지는 인공지능, IoT, 로봇, 자율주행차량 등의 신기술들이 점차 고도화되면서 인간의 삶은 다시 한번 새로운 차원으로 변모될 전망이다.

이러한 노력들은 머지않은 미래에 한국군의 전쟁수행 양상을 획기적으로 변화시킬 것이다. 앞으로의 전쟁은 기존의 재래전과 사이버전, 전자전, 무인전 등이 결합된 '하이브리드 전쟁'[87]의 형태로 진행될 것이다. 정보 통신, 우주, 나노, 로봇, 사이버 등의 첨단 과학기술로 무장한 병력과 각종 무기체계에 의해 전쟁이 더욱 정밀화, 장거리화, 무인화, 정보화되어 갈 것이다. '네트워크 중심 작전(NCW) 환경'[88] 하에서 다양한 작전요소들은 상호 연결 및 융합되어 실시간 정보 공유가 더욱 확실해지고 전장 상황이 보다 명확하게 가시화됨으로써 초정밀 타격을 통해 적의 핵심 요소를 마비시키는 등 효과 위주의 작전을 수행하게 될 것이다.

지상전투 현장에서는 과학기술로 무장된 신개념의 육군이 새로운 전투 수행 방법을 선보일 것이다. 부대는 무인자율 주행 차량으로 전장을 누빈다. 전투원들은 지휘본부나 전투 장비들과 실시간으로 정보를 교환하면서 우수한 보호 장비와 개인화기로 뛰어난 생존성과 전투력을 발휘한다. 외골격 로봇 덕분에 무거운 전투 하중에도 불구하고 가볍게 산악을 극복하고 차량과 같은 빠른 속도로 이동할 수 있다. 전투 차량들은 전투원들의 개입 없이 상호 교신하며 전장 상황을 판단하

87) '하이브리드 전쟁(Hybrid War)'은 2007년 프랭크 호프만(Frank G. Hoffman)에 의해 최초 사용되었다. 그는 하이브리드 전쟁을 "국가 또는 정치 집단이 재래식 전쟁 수행 능력, 비정규전 전술과 조직, 무차별적인 폭력과 강압을 동반하는 테러 행위, 그리고 범죄 행위 등의 다양한 전쟁 방식을 사용하여 수행하는 전쟁"이라고 정의한다. Frank G. Hoffman, Conflict in the 21st Century: The Rise of Hybrid Wars (Potomac Institute for Policy Studies, 2007), p. 58.

88) '네트워크 중심 작전(Network-Centered Warfare)'는 미 해군 제독이었던 세브로스키(A. K. Cebrowski)에 의해 제시된 이론으로, 지리적으로 분산된 전장의 여러 전투 요소들을 효과적으로 연결하고 상호 네트워킹시킴으로써 전투 요소들이 전장의 상황을 상호 공유하며 통합적이고 효율적으로 전투를 수행하는 방법을 말한다. Arthur K. Cebrowski and John J. Garstka, "Network-Centric Warfare: Its Origin and Future," (U. S. Naval Institute Proceedings, 1998).

여 이에 적절한 조치를 자율적으로 취한다. 인공지능을 기반으로 하는 드론 봇은 개별 또는 군집 상태로 기동하며 자율적으로 주어진 임무를 수행한다. 클라우드, 빅 데이터, 인공지능이 결합된 지휘결심 지원 시스템은 각종 복잡하고 방대한 데이터를 실시간대로 처리하여 정보를 분석하고 최적의 판단과 지휘 결심을 할 수 있도록 참모를 대신하여 지휘관에게 조언해준다. 부상병들은 자율 닥터 로봇이 현장에서 응급 처치하고 신속히 후방으로 안전하게 후송시키며, 전투원들에게 삽입된 바이오칩은 그들의 신체 상태를 자동으로 종합 메디컬 센터에 전송하여 원격으로 적절한 의료 조치가 이루어진다.

공상과학 영화에서나 보아왔던 이러한 전투 모습은 앞으로 10~20년 이내에 현실화할 것으로 전망된다. 기술 진보가 우리가 예상했던 것보다 훨씬 빠른 속도로 진행되고 있다. 구글(Google)사는 2018년 말부터 자율주행차 '웨이모'로 미국 애리조나 주 일대에서 택시 영업을 개시하기로 하였다. 드론도 이미 오래전부터 상용화되어 택배 산업 현장에서 활약하고 있으며, 최근에는 외골격 로봇도 이미 상용화되어 포드(Ford)사와 보잉(Boeing)사의 자동차와 항공기 생산 공장 조립 라인에 투입되고 있다. 인공지능도 2018년부터 주식 시장에 본격적으로 도입되어 주식 애널리스트를 대체하여 주가 예측에 활용되고 있다. 상상 속에 있던 많은 것들이 현실로 다가왔다. 다만 성능과 완성도의 차이만 있을 뿐이다. 한국 과학기술 기획평가원(KISTEP)은 미래 사회적 파급효과가 높을 것으로 예상되는 혁신기술들을 도출하고 각 기술이 사회에 급속도로 확산되는 시점인 '기술 확산점' 시기를 〈표 17〉과 같이 예상하고 있다.

〈표 17〉 신기술의 기술 확산점 도달 시기

구분	기술 확산점 예상 시기		구분	기술 확산점 예상 시기	
	세계	국내		세계	국내
멀티콥터 드론	2020년 (미국)	2024년	자율주행 자동차	2023년 (미국)	2028년
실감형 가상·증강 현실	2020년 (미국)	2024년	포스트 실리콘 반도체	2024년 (미국)	2026년
스마트 팩토리	2020년 (독일)	2025년	인지 컴퓨팅	2024년 (미국)	2027년
만물 인터넷	2021년 (미국)	2023년	CO2 포집·저장	2024년 (미국)	2028년
3D 프린팅	2020년 (미국)	2024년	유전자 치료	2024년 (미국)	2028년
개인 맞춤형 의료	2020년 (미국)	2025년	줄기 세포	2024년 (미국)	2028년
스마트 그리드	2020년 (미국)	2024년	지능형 로봇	2024년 (미국)	2028년
초고용량 배터리	2020년 (미국)	2024년	인공장기	2024년 (미국)	2029년
극한 성능용 탄소섬유	2020년 (미국)	2026년	양자 컴퓨터	2025년 (미국)	2031년
롤러블 디스플레이	2023년 (한국)		뇌-컴퓨터 인터페이스	2025년 (미국)	2032년
웨어러블 보조 로봇	2020년 (미국)	2027년	인공 광합성	2026년 (미국)	2030년

출처: 한국 과학기술기획평가원, 『제5회 과학기술 예측조사 (2016~2040)』(2017), p. ii.

이러한 신기술의 군사적 적용은 전쟁을 수행하는 전투원들의 피해를 줄이고 전투 효과를 극대화할 것이다. 이는 각개 병사의 전투 능력을 증강시킴으로써 기존에 여러 명이 감당하던 임무를 혼자서도 능히 수행할 수 있으며 개인의 전투 반경을 고도로 확장시켜 줄 것이다. 결과적으로 미래 신기술의 군사적 적용은 병력 소요를 획기적으로 줄일 수 있게 할 것이다. 그러나 이러한 신기술의 장점을 최대한 발휘하기 위해서는 숙달된 전문 인력이 필요하다. 신기술에 의한 장비와 무기체계는 고도로 첨단화 및 정밀화되어 있기 때문에 장비 및 무기 운용자의 숙달 정도에 따라 효과의 차이가 매우 커진다. 따라서 첨단 정밀 장비일수록 운용자의 숙련도와 전문성이 요구된다. 이는 장비 중심의 해군 및 공군이 육군에 비해 보다 숙련된 전문 직업 인력 위주로 편성되는 이유이기도 하다. 앞으로 육군이 최첨단 신기술로 무장된 군으로 발전하기 위해서는 현재의 대규모 병력 중심의 노동 집약적 군 구조에서 벗어나 높은 전문성과 숙련도를 갖춘 정예병 중심의 기술 집약적 군 구조로 변모되어야 한다. 이러한 차원에서 볼 때, 짧은 기간 동안 개인의 능력과 관계없이 복무하는 현재의 병역제도는 앞으로 육군이 추진하고자 하는 과학기술 육군 육성에 걸림돌로 작용할 가능성이 있다.

제3장

한국군 병역 정책 분석

본 장에서는 한국이 그동안 유지해 온 병역제도와 '국방개혁 2014~2030' 및 2018년에 수립된 '국방개혁 2.0'에 반영된 국방인력 충원 계획을 알아보고, 이 계획이 앞으로 예상되는 한국 사회의 인구 구조 및 경제 수준 변화에 비추어 봤을 때 현실적으로 적절한지를 분석한다. '국방개혁 2.0'에 제시된 병력 규모가 현실적으로 적절한지를 분석하는데 반드시 전제되어야 할 것이 적정 소요병력 규모에 대한 판단이다. 미래의 특정 안보 상황을 기반으로 적정 소요병력 규모가 설정되어야, 이를 바탕으로 미래의 인구 변화를 고려한 소요병력 충원 가능성과, 경제 능력을 고려한 소요 재원 조달 가능성을 판단할 수 있기 때문이다. 그러나 앞 장에서 언급하였듯이, 미래의 안보 상황을 예측하고 적정 병력 규모를 판단하는 것은 또 다른 전문적인 연구가 필요한 작업이다. 따라서 본 고는 현재 '국방개혁 2.0'에서 제시된 2022년의 병력 규모가 한국의 안보 위협에 대처하는데 필요한 적정 규모일 것으로 가정한 상태에서 인구 구조적, 경제적 측면에서 소요 병력의 충원 가능성 여부를 알아본다.

1. 병력 규모 및 복무 기간의 변화

가. '국방개혁 2.0' 적용(2018년) 이전

우리나라는 국민 개병제를 헌법에 명시하고[89] 창군 이래 현재까지 징병제를 지속 유지해오고 있다. 한국 사회의 시대적 상황에 따라 징

89) 헌법 제39조. "모든 국민은 법률이 정하는 바에 의하여 국방의 의무를 진다"

집 규모와 복무 기간에 변동이 있었을 뿐 징병제 자체가 흔들린 적은 없다. 역사적으로 현역병의 징집 규모와 의무복무 기간은 대부분 당시의 안보 상황과 정권의 정치적 고려에 따라 결정되었다. 인구 구조적 요인이나 경제적 요인은 큰 변수로 작용하지 않았다. 출산율 증가와 30개월 이상의 상대적으로 긴 병역 기간으로 인해 병력 충원에 필요한 자원은 충분한 확보가 가능하였으며, 징병제하에서 병력 유지에 필요한 비용은 최소한으로 지출하였기 때문에 인건비 부담은 상대적으로 그리 크지 않았다.

〈표 18〉 시대별 한국군 병력 규모의 변천

(단위: 만 명)

구 분	계	육군	해군 (해병대)	공군
1954년	72	66.1	4.25 (2.75)	1.65
1960년	63	56.5	4.3 (2.6)	2.2
1980년	65.5	55	6 (2.6)	4.5
1996년	69	56	6.7 (2.6)	6.3
2010년	65	52	6.8 (2.7)	6.5
2018년	61.8	48.3	7.0 (2.9)	6.5

출처: 군사편찬연구소,『군사』제68호 (2008); 국방부,『국방백서』(1983~2010)

1948년 국군이 창설된 이래, 한국군은 6.25 전쟁을 거치면서 급격히 팽창하였다. 〈표 18〉에서 보는 바와 같이 1953년 전쟁 직후 한국군은 미국의 지원에 힘입어 72만 명으로 확장되었다. 이후 과도한 병력 규모로 인한 부담을 줄이기 위해 1960년부터 63만 명으로 병력 규모를 축소하여 운영하였으며, 이 규모는 1970년대까지 일정하게 유지되었다. 1972년 베트남 공산화, 1970년대 후반 주한미군 철수 움직임 등 불안한 국내·외 안보 정세 속에서 한국의 자주국방 정책이 추진되면서 무기체계의 현대화와 함께 병력 규모도 소폭 증가하였다. 이후 한국 정부는 1994년 북한의 핵 개발 시도와 '서울 불바다' 발언 등으로 한반도의 전쟁 위협이 고조되자 육군과 공군을 증강함에 따라 한국군 규모는 69만 명으로 확대되었다. 2003년 출범한 노무현 정부는 한국군의 규모를 50만 명으로 감축하는 '국방개혁 2020'[90]을 2005년에 발표하고 곧바로 이를 추진하였다. 그러나 이명박 정부 시기인 2010년 북한에 의한 천안함 사건과 연평도 포격 사건 등으로 남북 간 군사적 긴장이 고조되면서 병력 감축 계획은 65만 명 선에서 동결되었다. 이후 박근혜 정부 시기인 2015년 국무회의를 거쳐 2030년까지 52만 2,000명으로 감축하기로 결정하고 이를 추진하였다.

이 과정에서 육군은 〈표 18〉에서 보는 바와 같이 6.25 전쟁 직후 최대 66만 명까지 확대되었다가 1960년부터 2000년대 초반까지 약 55만 명 안팎을 유지해 왔다. 2006년부터 육군의 병력수는 '국방개혁 2020'에 따라 지속적으로 감소하여 현재 48만 3,000명의 수준을 유지하고 있다. '국방개혁'의 기본 입장은 해·공군은 소폭 증강 또는 현 수준을 유지하면서 비대한 육군의 규모를 줄여 육·해·공군의 균형 발전을 도모하겠다는 것이었다. 2015년 '국방개혁 14~30 수정안'에 따르면 2030년까지 한국군의 전체 병력을 52만 2,000명으로 하되, 이 중 육군은 38

90) '국방개혁 2020'은 2020년까지 '양 위주 군사력에서 질 위주 군사력으로의 변모'를 목표로 현역을 68만 명에서 50만 명, 예비군은 304만 명에서 150만 명으로 감축하며, 병 복무 기간을 24개월에서 18개월로 단축하고 징병제를 점진적으로 축소하면서 모병제를 늘리고, 해·공군 증강을 통한 3군 균형 발전을 도모하고자 하는 노무현 정부의 국방정책으로서, 이를 추진하기 위해서는 2020년까지 15년간 총 621조원의 재원이 필요한 것으로 평가되었다.

만 7,000명 수준을 유지할 계획이었다. 현재 육군의 병력 구조는 〈표 19〉에서 보는 바와 같이 간부 13만 5,000명, 병 34만 8,000명으로 이루어져 있다. 이는 간부:병의 비율 28%:72%로서, 해군 61%:39%와 공군 48%:52%에 비해 병사들의 비율이 지나치게 높다.

〈표 19〉 각 군의 병력구조 (2018년)

(단위: 만 명)

구 분	계	육군	해군	해병대	공군
소계	61.8(100%)	48.3(100%)	4.1(100%)	2.9(100%)	6.5(100%)
장교	7.1(11%)	5.06(10.4%)	0.67(17%)	0.23(7%)	1.15(18%)
부사관	12.4(20%)	8.0(16.6%)	1.8(44%)	0.7(24%)	1.9(30%)
병	42.3(68%)	35.3(73%)	1.6(39%)	2.0(69%)	3.4(52%)

한편 병 의무복무 기간은 〈표 20〉에서 보듯이 1968년 한 차례 연장된 경우를 제외하고 시간이 경과하며 점진적으로 단축되어 왔다. 정부는 1953년 6.25 전쟁이 끝난 직후 병 의무복무 기간을 36개월로 정하고 복무 기간 4년 이상자들부터 점진적으로 제대 조치하였다. 이후 1962년부터 병역의무는 30개월로 단축 시행되다가 1968년 김신조 사건이 계기가 되어 다시 36개월로 환원되었다. 의무복무 기간은 전두환 정부와 김영삼 정부를 거치며 26개월로 단축되었다가 노무현 정부가 출범하면서 추가로 2개월이 단축되어 의무복무 기간은 24개월이 되었다. 이어서 노무현 정부는 2006년부터 '국방개혁 2020'에 따라 2020년까지 의무복무 기간을 18개월로 단축하는 것을 목표로 단계적으로 추진하였다. 그러던 중 2010년 북한군의 도발로 인해 복무 기간 단축이 21개월 선에서 중단된 채로 2018년까지 왔다.

〈표 20〉 시대별 병 의무 복무기간의 변천

(단위: 개월)

구 분	육군	해군	공군	비고
1952년 이전	-	-	-	6.25 전쟁으로 제대시기 미설정
1953년	36	36	36	4년 이상 복무자 전역 조치
1962년	30	36	36	병역부담 완화
1968년	36	39	39	1紅사태로 복무 기간 연장
1977년	33	39	39	
1984년	30	35	35	전두환 정부
1993년	26	30	30	김영삼 정부
2003년	24	26	28	노무현 정부
2011년	21	23	25	이명박 정부

출처: 국방부, 『2010 국방백서』(2010), p. 319.
* 해병대는 육군과 동일

나. '국방개혁 2.0' 적용 (2018년) 이후

2018년 8월에 국방부가 발표한 '국방개혁 2.0 기본 방향'에 따르면 〈표 21〉에서와 같이 장교 및 부사관은 현재 19만 5,000명에서 19만 7,000명으로 2,000명이 늘어나는 대신, 병은 현재 42만 3,000명에서 30만 3,000명으로 12만 명이 감축된다. 반면 군무원과 민간 근로자는 전체 3만 2,000명에서 5만 5,000명으로 2만 3,000명 늘어난다. 그 결과 2022년 전체 국방인력은 총 55만 5,000명으로 2018년 현재 65만 명에 비해 9만 5,000명 감소되며, 이 중 현역 병력은 현재의 61만 8,000명에서 11만 8,000명이 감소하여 50만 명 규모가 될 것이다.[91]

91) 김성진, "(국방개혁 2.0) 한반도 안보환경 변화, 전력·병력구조 개편," 『뉴시스』(2018. 8. 7.) http://www.newsis.com/view/?id=NISX 20180727; 강은선, "군병력 감축되면 국방력 떨어질까,"『대전일보』(2018. 11. 26.)

〈표 21〉 '국방개혁 2.0'에 따른 국방 인력 조정

(단위: 만 명)

구 분	2018년	조정	2022년 최종 상태
전체 국방인력	65	– 9.5	55.5
군인 (상비병력)	61.8 (95%)	– 11.8	50 (90%)
- 장교 - 부사관 - 병	7.1 12.4 42.3	– 0.1 + 0.3 – 12	7.0 12.7 30.3
민간 인력	3.2 (5%)	+ 2.3	5.5 (10%)
- 군무원 - 민간 근로자	2.6 0.6	+ 1.8 + 0.5	4.4 1.1

출처: 대전일보 홈페이지 (2018. 11. 26.)

2022년에 완성될 전체 국방인력의 구성비를 분석해 보면, 군인의 비율은 현재의 95%에서 90%로 감소되며, 군무원과 민간 근로자는 현재 5%에서 10%로 증원된다. 군인들의 신분별 비율은 2022년 전체 병력 50만 명 중 장교는 7만 명으로 전체 병력의 14%, 부사관은 12만 7,000명으로 전체 병력의 25.4%이며, 병은 60.6%를 차지하게 된다. 그 결과 전체 국방인력 차원에서 보면 징집병이 차지하는 비율은 2018년 65%에서 2022년 54.6%로 낮아지며, 장교 및 부사관, 군무원, 민간 근로자 등은 35%에서 45.4%로 높아짐으로써 인력 구성면에서는 전문성을 갖춘 인력의 비중이 높아질 것이다. 이러한 계획은 2014년에 수립되어 2015년 수정된 '국방개혁 2014~2030'의 전체 국방인력 계획상 55만 9,000명과 거의 유사한 수준이다.

위의 도표에서 보는 바와 같이 2022년이 되면 상비 병력은 2018년 61만 8,000명에서 50만 명 수준으로 감축될 예정이다. 이 때 감축되는 병력 11만 8,000명은 〈표 22〉에서 보는 바와 같이 전부 육군 병력에 해당된다. 해·공군의 경우 현 수준을 유지한다는 것은 이미 국방개혁의 기

본 방향에 제시된 바 있다. 이 시기가 되면 육·해·공군 간의 비율은 현재의 약 78:11:11에서 73:14:13으로 변화되어, 전체 병력에서 차지하는 육군의 비율이 5% 감소하게 된다. 2022년 육군의 전체 규모는 총 36만 5,000명으로 이중 장교는 〈표 23〉에서 보는 바와 같이 현재의 5만 명에서 1,000명이 감소한 4만 9,000명으로 전체 육군 병력의 13.4%를 차지하게 되며, 부사관은 현재의 8만 명에서 3,000명이 증가된 8만 3,000명 수준으로 전체 육군 병력의 22.7%를 차지하게 된다. 한편 병은 현재 35만 3,000명에서 12만 명이 감소된 23만 3,000명 수준으로 전체의 63.3%를 차지하게 될 것이다. 이는 육군에서 차지하는 징집병의 비율이 현재의 73%보다 약 10% 낮은 수준이다. 그렇지만 해군의 징집병 비율 39%나 공군의 징집병 비율 52%에 비하면 여전히 높은 수치이다.

〈표 22〉 각 군별 인력 조정

(단위: 만 명)

구 분	계	육군	해군	해병대	공군
2018년	61.8 (100%)	48.3 (78.2%)	4.1 (6.6%)	2.9 (4.7%)	6.5 (10.5%)
2022년	50 (100%)	36.5 (73%)	4.1 (8.2%)	2.9 (5.8%)	6.5 (13%)

〈표 23〉 2022년 육군의 병력구조

(단위: 만 명)

구 분	계	장교	부사관	병
인원 (비율)	36.5 (100%)	4.9 (13.4%)	8.3 (22.7%)	23.3 (63.3%)

군은 징집병 규모의 감축과 더불어 간부 획득 구조도 변경할 방침이다. 간부의 계급구조는 현재의 피라미드형에서 항아리형 구조로 개편할 계획이다. 최첨단 장비 운용인력 및 숙련된 전투원 소요와 초임 간

부 획득 전망 등을 고려하여 대위, 소령, 중령, 중사, 상사는 증원하고 소위, 중위, 대령은 감축하며, 원사는 현 수준을 유지하는 것으로 추진될 것으로 보인다. 우수 간부를 획득하기 위해서 단기복무 간부 장려금, 군 가산 복무 지원금 증액, 복무 연장 장려 수당 신설 등의 각종 인센티브를 부여할 예정이다. 또한, 부사관 선발 시 장기복무를 전제로 함으로써 단기복무 부사관의 장기 불확실성을 해소하여 직업적 안정성을 보장하고, 계약제 간부복무 제도를 개선하여 복무기간의 제약을 없애고 유연하게 적용하여 장기간 활용할 수 있도록 추진하겠다는 것이다. 여군은 2017년 군 간부 5.5%에서 2022년에는 8.8%로 높일 예정이며, 이를 위해 초임 획득 규모를 17년 1,098명에서 2022년에는 2,250명으로 확대할 예정이다.

한편 현역병들의 의무복무 기간은 〈표 24〉와 같이 현행 21~24개월에서 3개월이 단축되어 2022년까지 18~22개월로 조정될 예정이다. 복무 기간은 2017년 1월 3일 이후 입대한 자원들을 대상으로 2주 단위로 1일씩 단계적으로 단축하여 2020년 6월 입대자부터는 18~22월을 완전하게 적용받게 된다.[92] 그렇게 되면 목표연도인 2022년 1월부터는 복무 기간 만 18개월이 도래한 육군이나 해병대 의무복무자들은 곧바로 전역이 가능해진다. 해군은 20개월을 근무하게 되며, 공군은 22개월을 근무한다. 공군의 경우 병역법상 28개월을 근무하도록 규정되어 있으나[93] 2004년부터 1개월을 더 단축하여 적용해 왔기 때문에 이번에는 2

92) 병무청 홈페이지 공지사항 “복무단축 안내 및 단축일수 조견표” (2018. 8. 18). http://mma.go.kr/gangwon/boardView.do?mc=usr0000055&gesipan_id=8&gsgeul_no=1499479. (검색일: 18. 11. 30.)

93) 병역법 제18조(현역의 복무) ② 현역병의 복무기간은 다음과 같다. 1. 육군 2년, 2. 해군 2년 2개월(단 해병은 2년), 3. 공군 2년 4개월.

개월만 단축한다.

〈표 24〉 병역 대상자 의무복무 기간 단축

(단위: 개월)

구 분	[1]육군	[2]해군	[3]공군	[4]기타	
				사회복무요원	보충역 산업기능요원
병역법상	24	26	28	26	34
현 행	21	23	24	24	26
단축 시	18	20	22	21	23

출처: 병무청 홈페이지 "복무 단축 안내 및 단축일수 조견표" (2019. 8. 18.)

[1] 해병대, 의무 경찰, 상근 예비역 포함

[2] 해양 경찰, 의무 소방 포함

[3] 공군은 '04년부터 이미 1개월을 단축 적용하고(28→27개월) 있어 이번에 2개월만 단축됨.

[4] 본인 희망에 의해 지원 복무하는 대체복무자원 중 전문연구요원, 산업기능요원(현역), 승선근무예비역, 예술·체육요원, 공중보건의, 공익법무관 등은 복무 기간 단축에서 제외.

이러한 3개월의 의무복무 기간 단축은 연간 6만 8,000명의 병력이 부족한 결과를 초래하게 되는 것으로 국방부는 추산하고 있다. 따라서 국방부는 소요병력을 충원하기 위해서 의무 경찰이나 해양 경찰, 의무 소방 등의 전환복무제를 2022년까지 점진적으로 폐지하고, 사회복무요원, 산업기능 요원, 예술·체육 요원 등 대체복무 요원의 규모를 2024년까지 감축할 예정이라고 한다. 상근 예비역은 2023년부터 축소하고, 병역 대상자들의 신체검사 기준을 조정하여 현역 대상자의 비율을 높이는 방안도 강구할 예정이다. 또한, 현재 수립 중인 간부들의 인력구조 개선 계획이 차질없이 진행된다면 인력구조가 피라미드형에서 항아리형으로 바뀌면서 간부들의 손실률 감소와 보충 소요 감소 효과를 기대할 수 있다. 그래도 병력 자원 부족 현상이 발생하게 되면 병력 수급 전망을 고려하여 의무복무 기간 단축 과정을 탄력적으로 적용하거나 병이 수행하던 업무를 군무원 및 민간 근로자 등으로 대체하여 수행토록 하겠다는 방침이다. 한편 복무기간 단축에 따르는 병 숙련도 약화 문제를 해소하기 위해 숙련도가 요구되는 병 직위를 간부나 군무원 직위로 전환하고 부대 관리 임무는 민간에 전환함으로써, 병사들의 교육 훈련 및 직무 몰입도를 높일 계획이다.

병들의 봉급도 대거 인상될 전망이다. 〈표 25〉에서 보는 바와 같이 병 봉급은 최근 획기적으로 향상되고 있다. 2018년 병 봉급은 2017년에 비해 거의 2배에 가까운 88%가 인상되어 병장 기준 월 40만 5,700원이 지급되었는데, 이는 9급 공무원 기준의 약 1/4 수준이다. 2022년이 되면 병 봉급은 2018년에 비해 약 60%가 인상된 67만 6,000원에 이르게 된다. 그렇게 되면 병 봉급은 9급 공무원의 약 40% 수준에 도달하여 공무원 봉급과의 격차가 좁혀질 것이다.[94]

〈표 25〉 연도별 병 봉급 인상

(단위: 개월)

구분	2017년	2018년 (88%↑)	2020년 (33%↑)	2022년 (25%↑)
병장	216,000	405,700	540,892	676,115
상병	195,000	366,200	488,183	610,173
일병	176,400	331,300	441,618	552,023
이병	163,000	306,100	408,077	510,089

출처: 오종택, "병사들 껑충 뛴 봉급...," 『뉴시스』 홈페이지 (2018. 8. 2.)
http://www.newsis.com/view/?id=NISX20180802 (검색일: 2019. 11. 30.)

94) 2018년 9급 공무원 3호봉의 월 봉급은 1,575,900원이며, 2019년에는 1.8% 인상된 1,604,300원이 된다. 공무원 봉급이 매년 2%씩 인상될 것으로 가정하면, 2022년 9급 공무원 3호봉 봉급은 1,702,500이 된다.

2. 미래 병력 규모에 대한 인구·경제적 타당성 분석

가. 인구학적 측면

한국군 전체 병력에서 차지하는 현역병의 비율은 시대별로 차이가 있으나 대략 70~75% 수준으로서 대략 50~55만 명 수준이었다. 1960년대 이후 가장 많은 병력 규모를 유지했던 1996년부터 2005년까지 현역병은 대략 50만 명 수준이었다. 이후 현역병의 규모는 2006년부터 서서히 감소하여 현재 42만 3,000명 수준을 유지하고 있다. '국방개혁 2.0'이 계획대로 추진될 경우, 2022년 이후에는 현역병의 규모는 현재보다 12만 명이 줄어든 30만 3,000명이 될 것이다. 따라서 이 병력 규모를 유지하기 위해서는 현역병들의 의무복무 기간 18개월을 적용할 때, 1년에 평균 20만 2,000명의 현역 자원이 필요하다.

〈표 26〉은 최근 10년간 한국의 만 20세 남자 인구와 현역 입영 규모의 추이를 보여준다. 사실 병역 대상자 규모를 판단할 때 20세 남자만을 고려하는 것은 완전하지 않다. 다만, 조기에 입대하는 19세나 학업 등의 이유로 나중에 입대하는 21세 이상자들까지를 변수로 고려할 경우 계산이 너무나 복잡해지기 때문에 편의상 대다수 비중을 차지하는 20세 남자를 연도별 병역 대상인구 규모 판단의 기준으로 삼는다. 표에서 보는 바와 같이 2018년 이전까지는 의무복무 21~24개월의 현역병 43~46만 명을 유지하기 위해 매년 23~28만 명이 현역병으로 입대하였데, 이는 연도별 병역 대상 인구의 약 70% 수준으로써 병력 충원에 큰 어려움이 없었다. 그러나 앞으로 병역 대상 인구가 급감하는 하는 것과 병행하여 의무복무 기간이 현재보다 많이 단축되는 2020년 이후에는 큰 어려움이 따를 것으로 예상된다. (이것에 대해서는 뒤에

서 자세히 설명한다.)

〈표 26〉 연도별 병역 대상자 규모 및 현역 입대자 규모

(단위: 명)

구분	2009년	2010년	2011년	2012년	2013년	2014년	2015년	2016년	2017년	2018년
만 20세 남자 인구	329,913	338,801	346,726	375,318	382,141	376,028	372,187	368,679	352,851	345,568
현역 입대자	268,071	277,786	291,584	283,816	266,310	284,286	257,551	270,141	236,530	232,443

* 현역 입대자 : 모집병 및 현역병(상근예비역 포함) 입영자 합계

출처: 1. 만 20세 남자인구: 통계청_국내통계_인구·가구_장래인구추계_,전국 (자료갱신일: 2019. 3. 28.)

2. 현역입대자: 통계청_국내통계_인구·가구_병무통계_현역병입영분야 (자료갱신일: 2019. 10. 23.)

〈표 27〉 연도별 병역 판정 검사 결과

(단위: 명)

구분	2009년	2010년	2011년	2012년	2013년	2014년	2015년	2016년	2017년	2018년
계	324,818	347,249	365,052	361,202	364,148	363,827	350,828	339,716	323,800	315,698
현역	291,094	316,210	333,847	329,751	333,227	328,974	304,473	281,222	264,297	253,936
보충역	22,018	18,900	17,962	18,681	18,064	19,752	31,597	42,704	43,202	43,732
전시 근로역	6,709	5,894	6,226	6,134	5,938	6,999	7,213	7,753	7,729	9,031
병역면제	942	1,009	877	879	871	960	1,045	1,036	1,041	1,126
재검대상	4,055	5,236	6,140	5,757	6,048	7,142	6,500	7,001	7,531	7,873

* 계 : 병역 대상자 중에 당해 연도에 병역판정 검사를 받은 자.

* 현역 : 병역판정 검사 결과 현역 판정을 받은 자 (신체 3등급 이상이면서 고졸 이상자)

출처: 병무청 『2018 병무통계연보』(2019. 6.), p. vi.

앞으로의 인구 감소에 따른 병력 충원 가능성 판단을 위해서는 지금까지의 병역판정 결과의 추이를 우선 분석할 필요가 있다. 병역 대상 인구 중에는 장교 및 부사관 후보생, 병역 기피자 및 행방불명자 등

과 같이 어떤 사유로 인해 병역판정 검사 대상 자체에 포함되지 않는 인구가 있다. 조홍용(2017)의 사례 연구에 따르면, 연도별로 차이가 있기는 하지만 사관학교 생도, 학군장교 후보생, 일반대학교의 군사학과 등에서 공부하고 있는 남자 군장학생 등과 같은 병역판정 검사 제외자는 연평균 약 18,000명 정도 발생한다.[95] 고의적인 병역 기피자 및 행방불명된 자들은 연평균 약 1,000여 명 정도이며, 중증 장애를 지니고 있어 병역판정 검사 자체가 면제되는 인구는 연 평균 5,000여명 정도이다. 이들을 제외하고 나면 병역판정 검사 인구는 실제 병역 대상 인구보다 매년 2~3만 명 작다. 또한 〈표 27〉에서 보듯이, 병역판정 검사를 받은 인구 중에는 혼혈, 고아, 수형자, 귀화자, 성전환자, 중학교 미졸업자, 신체등급 5급 해당자 등 전시근로역(제2국민역)[96]으로 처분되는 인구와 신체 등급 6급 판정을 받아 병역 면제 처분되는 인구는 매년 약 7,000~8,000명 수준이다. 이 밖에도 생계 곤란 등의 이유로 병역이 면제되는 인구는 약 1,000명 수준이다. 이들을 전부 합산하면 현역이나 보충역에서 제외되는 규모는 3~4만 명 정도로 연도별 전체 병역 대상 인구의 약 10%를 차지하고 있다.

따라서 매년 현역으로 징집할 수 있는 최대 규모는 당해 연도에 예상되는 병역 대상 인구의 10% 정도를 제외한 수치가 될 것이다. 2018

95) 조홍용, "인구절벽 시대의 병역정책에 관한 연구," 『국방정책연구』제33권 4호(2017), p. 185.

96) 전시근로역 처분 대상이 되는 수형자는 1년 6개월 이상의 징역 또는 금고의 실형을 선고받은 경우이며, 6개월 이상 1년 6개월 미만의 징역 또는 금고의 실형을 선고받은 사람이나 1년 이상의 징역 또는 금고형의 집행유예를 선고받은 사람은 보충역 처분을 받는다. 혼혈인 중 1992년 이전 출생한 사람으로서 외관상 명백한 혼혈인의 경우만 전시근로역 처분을 받으며, 1992년 이후 출생자들은 해당되지 않는다. 또한 중학교를 졸업하지 아니한 사람은 1993년 이전 출생한 경우에만 전시근로역에 해당된다.

년의 경우, 병역 대상 인구는 약 34만 5,000명이었으며, 이중 신검 제외자와 병역 기피자·행불자 등 약 2만 9,000명을 제외한 31만 5,000명이 병역판정 검사를 받았다. 이중 현역과 보충역 판정을 받은 인구는 약 29만 8,000명이었으며, 현역 및 보충역에서 제외된 인구는 약 1만 7,000명이었다. 신체검사 결과 현역 및 보충역 판정을 받은 자들에는 생계 면제자들이 포함되어 있기 때문에 이들 약 1,000명을 제외한 29만 7,000명이 2018년의 실제적인 현역과 보충역으로 판정되었다. 여기에 추가하여, 재검자로 분류된 인구의 약 40%가 다음 해에 현역 및 보충역으로 분류되는 된다는 점을 고려하면, 재검을 통해 실제 현역 및 보충역으로 분류되는 3,000명을 더해 최대 병역 가용자원은 약 30만 명 정도로 추산할 수 있다.[97]

그러나 이러한 수치에는 현재 시행하고 있는 의무경찰·해양경찰·의무소방 등의 전환복무자, 상근 예비역, 사회복무요원·산업지원인력·공중보건의 등의 대체복무 인력이 모두 포함되어 있다. 따라서 현역병으로 군에 입대할 수 있는 인원은 명목상의 병역 가용자원에서 이들을 제외해야 한다. 〈표 28〉에서 보는 바와 같이 의무경찰 등의 전환 복무요원으로 분류되는 인원은 연간 약 16,500명 정도이며, 상근 예비역은 9,000명 안팎, 사회 복무역 등의 대체복무 인력은 약 44,000명으로 이

97) 병역처분 기준

<table>
<tr><th>학력 \ 신체등급</th><th>1급</th><th>2급</th><th>3급</th><th>4급</th><th>5급</th><th>6급</th><th>7급</th></tr>
<tr><td>대학</td><td colspan="3" rowspan="2">현역병입영 대상자</td><td rowspan="5">보충역</td><td rowspan="5">전시근로역
(전시근로 소집에 의한 군사지원)</td><td rowspan="5">병역면제
(군복무면제)</td><td rowspan="5">재신체검사
(2년 이내 확정 처분)</td></tr>
<tr><td>고졸</td></tr>
<tr><td>고퇴</td><td colspan="3" rowspan="3">보충역
(희망시 현역병입영 대상자)</td></tr>
<tr><td>중졸</td></tr>
<tr><td>중학중퇴이하</td></tr>
</table>

* 보충역 : 본인 희망 또는 병력 수급 계획에 따라 필요시 현역으로 입대 가능

들 전체를 합하면 연평균 약 7만 명 정도가 된다. 이들은 모두 징병검사 시 현역 및 보충역으로 판정받은 사람들 중에서 지정된다. 따라서 앞으로 계속해서 이와 같은 전환복무 및 대체복무 제도를 유지할 경우, 현역 가용자원을 판단하기 위해서는 병역판정 검사 시 현역 및 보충역으로 판정된 자원 규모에서 7만 명을 제외해야 한다. 2017년의 경우, 최대 현역 가용규모는 징병검사 시 현역 및 보충역으로 분류된 31만 명 중에서 7만 명을 제외한 24만 명 정도로 판단할 수 있다.

〈표 28〉 전환복무 및 대체복무 인력 현황

(단위: 명)

구분	계	전환복무자				상근 예비역	사회 복무요원	산업지원 인력*	공중 보건의
		소 계	의무경찰	해양경찰	의무소방				
평균	71,479	16,485	14,712	591	1,158	9,088	28,737	14,815	1,546
2018년	78,171	16,500	14,651	590	1,160	9,926	29,835	17,322	1,353
2017년	75,399	16,728	14,964	591	1,173	9,415	30,615	16,895	1,746
2016년	70,878	16,499	14,765	591	1,143	8,938	29,095	14,702	1,644
2015년	61,466	16,213	14,469	590	1,154	8,074	25,401	10,339	1,439
비고		현역 판정					보충역 판정		

* 산업지원 인력: 전문 연구원, 산업기능 요원, 승선 근무자 포함

출처: 병무청,『2018 병무통계연보』(2019. 6.)

〈표 29〉는 연도별 만 20세의 남자인구를 산출하여 이를 기준으로 연도별 병역 가용인구와 현역 가용인구를 추산한 결과이다. 연간 병역 가용인구의 규모를 보다 정확히 판단하기 위해서는 만 19세의 병역 조기 이행자와 21세 이상의 병역 연기 이행자도 고려하여 연령별 이행 비율을 적용하는 것이 바람직하나 매년 비슷한 비율일 것으로 가정하

고,[98] 편의상 병역이행 비율이 가장 높은 만 20세 남자를 연도별 병역 대상 인구로 고려하였다. 따라서 표에서 제시한 전체 병역 가용인구에 대한 추산치는 실제와 약간의 오차가 발생할 수 있음을 전제한다.

앞에서 살펴본 바와 같이, 전체 병역 대상인구의 10%가 신체, 신분, 생계 등의 문제로 인해 제2국민역이나 병역 면제 처분을 받고 있으므로, 본고는 병역 대상 인구의 90%를 실제적인 병역 가능인구로 판단하였다. 이 중에서 전환복무자와 대체복무자 약 7만 명을 제외한 규모가 현역병으로 입대할 수 있으므로 연도별 현역 가능 인구는 연도별 병역 가능 인구에서 7만 명을 뺀 규모일 것으로 판단하였다. 전체 현역병과 육군 현역병의 연간 수요를 산출하기 위해 〈표 30〉에서 보는 바와 같이 '국방개혁 2.0'에 제시된 육·해·공군·해병대 전체 현역병 규모와 육군 현역병 규모를 각각 의무복무 개월 수로 나눈 뒤 12개월로 곱하였다. 2022년 이후의 병력 규모는 '국방개혁 2.0'에 제시되어 있지않아 2022년의 상황을 그대로 적용하였다. 도표에서는 연도별 병력 수요 규모는 산술적으로 일정하게 제시되어 있지만, 현실적으로는 그때그때의 인구 동향이나 사회적 상황에 따라 현역병 모집이 융통성 있게 시행되므로 이론과 실제가 일치하지는 않는다.

〈표 29〉 연도별 병역가용 인구 대비 현역병 소요 비교

(단위: 명)

년도	[1]만 20세 남자인구	[2]병역 가용인구	[3]현역 입영 가능 인구	[4]연간 현역병 수요	(육군 수요)
'20	328,925	296,033	226,033	219,375	(175,625)
'21	313,880	282,492	212,492	210,967	(165,806)

98) 2018년 입대자 중 19세는 1.1%, 20세는 67.8%, 20세 이상자는 31.1%였다. 병무청, 『2018 병무통계연보』(2019. 6.), p. 97.

'22	**270,222**	**243,200**	**173,200**	**202,000**	**(155,333)**
'23	250,476	225,428	155,428	202,000	(155,333)
'24	247,419	222,677	152,677	202,000	(155,333)
'25	229,002	206,102	136,102	202,000	(155,333)
'26	224,275	201,848	131,848	202,000	(155,333)
'27	232,864	209,578	139,578	202,000	(155,333)
'28	246,510	221,859	151,859	202,000	(155,333)
'29	229,344	206,410	136,410	202,000	(155,333)
'30	225,703	203,133	133,133	202,000	155,333)
'31	243,252	218,927	148,927	202,000	(155,333)
'32	239,173	215,256	145,256	202,000	(155,333)
'33	233,838	210,454	140,454	202,000	(155,333)
'34	**219,892**	**197,909**	**127,903**	**202,000**	**(155,333)**
'35	223,537	201,183	131,183	202,000	(155,333)
'36	216,255	194,630	124,630	202,000	(155,333)
'37	193,919	174,527	104,527	202,000	(155,333)
'38	174,174	156,757	86,757	202,000	(155,333)
'39	163,192	146,873	76,873	202,000	(155,333)
'40	154,908	139,417	69,417	202,000	(155,333)
'41	146,895	132,206	62,206	202,000	(155,333)
'42	145,716	131,144	61,144	202,000	(155,333)
'43	151,132	136,019	6,6019	202,000	(155,333)
'44	156,854	141,169	71,169	202,000	(155,333)
'45	162,746	146,471	76,471	202,000	(155,333)
'46	168,529	151,676	81,676	202,000	(155,333)
'47	173,907	156,516	86,516	202,000	(155,333)
'48	178,679	160,811	90,811	202,000	(155,333)
'49	180,972	162,875	92,875	202,000	(155,333)
'50	180,702	162,633	92,632	202,000	(155,333)

[1] 만 20세 남자인구: 통계청 중위추계

[2] 병역 가용인구: 현역·보충역 판정 통계 (20세 남자인구×0.9)

[3] 현역병 입영 가능 인구: 병역 가용인구–전환·대책복무 인구(7만명)

[4] 연간 현역병 수요: 전체 현역병÷18개월×12개월

앞 장의 〈표 29〉에서 보는 바와 같이 2021년이 되면 병역 가용자원 중에서 대체복무자 등을 제외하면 현역병으로 입영이 가능한 인구는 약 21만 2,000명으로 연간 현역병 수요 약 21만 명과 비슷한 규모이다. 2022년은 현역병 가용자원의 **'제1부족시점'**으로, 이때가 되면 만 20세 남자 중 군에 입대할 수 있는 인구는 17만 3,000명으로 연간 현역병 수요 20만 2,000명보다 2만 9,000명이 부족해지는 심각한 상황이 발생한다. 이 부족 인구의 대부분은 육군 소요병력 15만 5,000명을 충원하는 데 영향을 미치게 될 것이다. 해·공군 현역병은 대부분 지원에 의해 모집되는 반면, 육군 현역병은 대부분 징병에 의해 충원된다.[99] 개인 희망에 따른 모집병 지원자들이 해·공군에 먼저 충원된 후, 나머지 대상자들이 육군 현역병으로 징집된다.

〈표 30〉 연도별 전체 현역병 및 육군 현역병 수요 판단

(단위: 만 명)

구 분		2015	2016	2017	2018	2019	2020	2021	2022
전체 현역병	규모	44.5	43	42.3	39.9	37.5	35.1	32.7	30.3
	연간 수요	24.9	26.1	22.7	23.8	22.7	21.9	21.0	20.2
육군 현역병	규모	37.5	36	35.3	32.9	30.5	28.1	25.7	23.3
	연간 수요	21.9	21.3	18.9	19.4	18.5	17.6	16.6	15.5
복무 기간 (월)		21	21	21	20.4	19.8	19.2	18.6	18

이러한 현행 제도 하에서는 가용인력 부족에 따른 공석 발생이 온전

99) 2018년 현역병 입영 현황

출처: 『2018년 병무통계연보』

구분	계	육군	해군	해병	공군
계	227,115명	189,508 (100%)	8,512 (100%)	11,156 (100%)	17,939 (100%)
모집병	117,657명	80,571 (42.5%)	7,991 (93.9%)	11,156 (100%)	17,939 (100%)
징집병	109,458명	108,937 (57.5%)	521 (6.1%)	-	-

히 육군의 몫으로 돌아오게 될 것이다. 만일 육군 현역병 충원 시 2022년에 연간 2만 9,000명이 부족하면 〈표 30〉에 제시된 육군 현역병 총원 23만 3,000명 중 4만 3,000명이 부족한 결과를 가져온다. 이는 육군 현역병 전체의 18%로서 정상적인 전력 발휘에 큰 차질을 빚게 된다.

〈그림 13〉 병역 및 현역병 가용인구 부족 시점

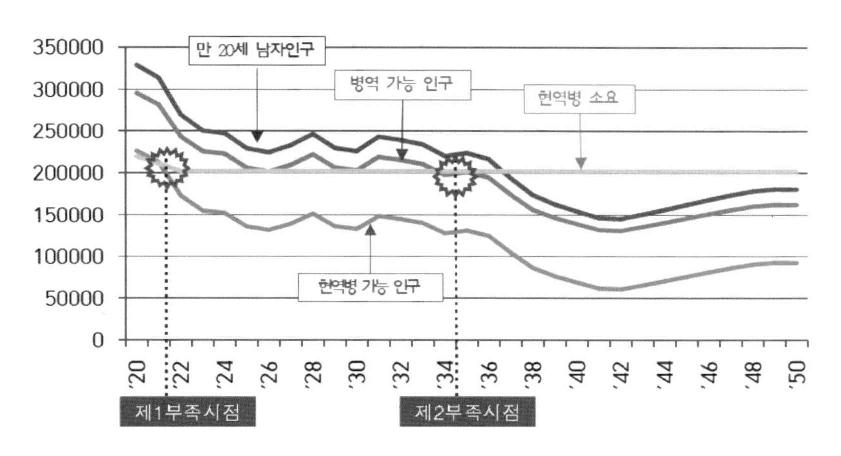

이러한 심각한 병력 부족 현상은 〈그림 13〉에서 보는 바와 같이 2022년 이후로 계속 심화하여 불과 3년 후인 2025년에는 현역 가용인구가 전체 현역병 수요보다 6만 6,000명이 부족하게 되며, 이 숫자는 2040년 이후 최대 8만 6,000명으로 증가한다. 이러한 공급의 부족이 전적으로 육군의 부담으로 돌아온다면 2025년부터 육군 현역병의 전체 공석은 9만 명에 육박하게 되고 2040년 이후에는 12만 9,000명으로 확대된다. 이는 각각 육군 현역병 수요의 38.6%, 55.4%에 해당하는 비율로서, 현행 제도 하에서 이와 같은 인구 감소 추세가 계속된다면 앞으로 불과 7년 후가 되면 육군은 소요병력의 2/3도 충원하기 어려울 것이며, 20년 후에는 절반에도 미치지 못하게 될 것이다.

따라서 **'제1부족시점'의 현역 자원 부족 현상을 해소하기 위해서는 현재 시행하고 있는 의무경찰 등의 전환복무 및 대체복무 제도를 부분적, 단계적으로 폐지**하는 방안을 검토하지 않으면 안 된다. 앞에서도 언급하였듯이 병역 판정 검사에서 현역 및 보충역 판정을 받은 인구 중에서 전환복무요원과 대체복무요원으로 편입되는 인구가 연간 약 7만 명에 이른다. 이들은 필요하면 언제든지 현역병으로 활용이 가능한 인구이다. 전환복무제도나 대체복무제도의 기본취지는, 병역 가능 인구가 충분하여 현역병 수요를 충족하고도 남을 경우, 국민 개병제를 취하고 있는 국가로서 국민들의 병역의무의 형평성을 보장하고 잉여자원을 국가적 차원에서 효율적으로 활용하기 위한 것이지 전환복무나 대체복무 그 자체가 목적은 아니다. 따라서 이러한 제도는 군 소요인원 충원에 지장이 없는 범위 내에서 시행된다.[100] 국방부장관과 병무청장은 현재의 법령 체제 하에서 현역병 자원이 부족할 경우 언제든지 전환복무자나 대책복무자의 지정 및 할당을 조정하여 이들을 현역병으로 전환함으로써 부족한 현역병 수요를 충당할 수 있다.[101] 다만 이를 위해서는 이들의 현역병 전환으로 인해 영향을 받는 해당 기관들과 전환시점 및 방법에 대한 협의를 필요로 한다.

그러나 이러한 노력도 2025년이 되면 한계점에 이르게 된다. 이때부

100) 「병역의무특례규제에 관한 법률」제1조(목적) 이 법은 병역의무에 관한 특례를 규제함으로서 병역 의무를 공평하게 부과하여 국방력의 강화에 기여하게 함을 목적으로 한다.

101) 「병역법」제14조(병역처분) ④병무청장은 병역자원의 수급, 입영계획의 변경 등에 따라 … 현역병 입영 대상자를 보충역으로 병역처분을 변경할 수 있다. 제25조(추천에 의한 전환복무) ①국방부장관은 … 지방병무청장으로 하여금 이들을 입영하게 하여 정해진 군사교육을 마치게 한 후 전환 복무시킬 수 있다.

터는 병역 가용인구의 감소가 급격히 진행됨에 따라 전환 및 대체복무요원 할당 규모의 조정을 통해 현역병 부족분을 해소하는 것은 더이상 불가능해진다. 2025년 현역병 가용인구 부족분은 6만 4,000명으로 이는 전환 및 대체복무자원의 전체 규모에 육박하는 수준이다. 따라서 이 부족분을 메꾸기 위해서는 전환 및 대체복무제도 전체를 완전히 폐지하지 않으면 안 된다. 결과적으로 이 시점부터는 병역판정 검사에서 현역 또는 보충역으로 병역 처분된 사람들 거의 모두가 현역병으로 입영할 수밖에 없는 상황이 될 것이다. 이러한 극단적 조치도 2034년에 다시 한계를 맞게 된다. 2034년의 한국의 만 20세 남자 중 총 병역 가용인구는 약 19만 7,900명 정도가 될 것으로 예상된다. 이 수치는 '국방개혁 2.0'에 제시된 병력 규모를 유지하기 위한 연간 현역병 수요 20만 2,000명보다 약 4,000명이나 적은 인구이다. 따라서 2034년은 현역병 자원의 **'제2부족시점'**이 될 것으로 예상된다. 이것이 의미하는 바는 군 간부 후보생, 중증 장애인 등 현역병 징집이 곤란한 소수의 사람들을 제외한 한국의 모든 20세 남성들을 현역병으로 징집한다고 해도 연간 필요한 수요를 충족시킬 수 없다는 것이다. 특히 2038년부터 2047년까지 10년 동안 한국의 병역 가용인구가 연간 16만 명 이하로서 가장 심각한 국면을 맞게 될 것이다. 2041년에는 병역 가용인구가 13만 명밖에 되지 않아 극심한 병역 자원 부족에 시달릴 것이다. 따라서 2038년부터는 한국군의 병역정책은 대폭적인 수정이 불가피하게 될 것이다. 현행 병역제도인 징병제를 계속 유지하는 한, 다음의 세 가지 측면에서 정책적 선택을 검토하지 않으면 안 될 것이다.

첫째 방안은 '국방개혁 2.0'에 제시한 병력 규모 50만 명을 더 이상 유지하지 못하고 병력 규모를 병역 가용 인구수에 맞게 축소하는 것이다. 현재의 병역제도를 유지한 상태에서 획득하려는 최대 규모는 한국의 병역 가용인구 이하가 되어야 한다. 2036년부터 2050년까지의 병역 가용인구는 연간 최대 16만 명에서 최소 13만 명 사이가 될 것으로 예측된다. 따라서 전환 및 대체복무 제도를 폐지하고 현역의 의무복무 기간을 현재의 18개월을 유지한다고 가정한다면, 전체 현역병 규모는 20~24만 명 정도가 가능할 것이다. 현재 약 20만 명 정도 되는 장교와 부사관 규모를 그대로 유지한다고 할 때, 한국군의 가능한 최대 규모는 약 45만 명 선이 될 것이다. 이 때 심각하게 고려해야 할 잠재적 변수가, 아직은 크게 문제가 되고 있지는 않지만, 양심적 병역 거부자 문제이다. 2010년부터 2016년까지 양심적 병역 거부자는 총 3,735명이었다. 이들 중 3,700여 명이 종교적 이유로 양심적 병역 거부를 선택했고 나머지 30여 명이 개인적 신념 등의 이유로 병역을 거부하였다. 최근 양심적 병역 거부자는 한 해 평균 567명에 이르는 것으로 집계되고 있지만,[102] 2018년부터 양심적 병역 거부가 실질적으로 합법화됨에 따라 앞으로 양심적 병역 거부자가 급증할 것으로 예상된다. 1990년 탈냉전 이후 양심적 병역 거부자가 급격히 증가한 독일 등 다른 나라들의 사례를 볼 때 우리나라에서도 앞으로 병역 거부자가 매우 큰 폭으로 증가할 가능성을 배제할 수 없다. 만일 병역 거부자가 큰 폭으로 증가하게 되면 현역병 징집 가능 인구는 더욱 줄어들 것이고, 따라서 45만 명 규모마저도 유지하기가 곤란해질 것이다.

둘째, 현재 18개월인 현역병 의무복무 기간을 연장하여 '국방개혁 2.0'

102) 『오마이뉴스』인터넷 홈페이지. "양심적 병역거부자, 한해 평균 567명" (2016. 10. 9.) http://www.ohmynews.com/NWS_Web/View/at_pgaspx? CNTN_CD=A0002249989 (검색일: 2018. 12. 17.)

에 제시된 50만 명의 병력 규모를 유지하는 방안이다. 만일 현재와 같이 현역병 30만 3,000명 수준을 유지하려면, 2035년부터 병역 가용인구 13~16만 명을 전원 현역병으로 소집하여 최소 24개월 정도 복무토록 해야 한다. 병역법에서는 군부대가 증편·창설된 경우 또는 병역 자원이 부족하여 병역 충원이 곤란한 경우에 국방부장관은 6개월 이내에서 현역복무 기간을 연장할 수 있도록 규정하고 있다. 이 때 국방부장관은 국무회의를 거쳐 대통령의 승인을 받아야 한다.[103] 이와 같이 법령상으로는 필요에 따라 6개월 이내에서 국방부장관이 판단하여 복무기간을 연장할 수 있다지만 복무기간의 연장은 국민들에게 매우 민감한 문제로서 단지 국방의 필요성만으로 결정되지는 않는다. 지금까지 복무기간 조정은 국방의 필요성보다는 대부분 정치적 판단이나 국민적 요구에 의해 정권 차원에서 결정되었다.[104] 만일 2005년 이후 오랜 논란을 거쳐 2018년에야 비로서 18개월로 단축하기로 결정된 복무 기간을 병역자원 부족을 이유로 다시 연장하려고 한다면 이에 따른 국민

103) 병역법 제19조(현역 복무기간의 조정) ① 국방부장관은 현역의 복무기간을 다음 각 호와 같이 조정할 수 있다. 이 경우 제1호와 제3호의 경우에는 미리 국무회의의 심의를 거쳐 대통령의 승인을 받아야 한다. 1. 전시·사변에 준하는 사태가 발생한 경우, … 특별재난지역이 선포된 경우, 군부대가 증편·창설된 경우 또는 병역자원이 부족하여 병력 충원이 곤란할 경우에는 6개월 이내에서 연장 2. 항해 중이거나 파병 중인 경우에는 3개월 이내에서 연장 3. 정원 조정의 경우 또는 병 지원율 저하로 복무기간의 조정이 필요한 경우에는 6개월 이내에서 단축

104) 6.25 전쟁 이후 지금까지 총 10차례의 복무 기간 조정이 있었으나 기간 단축이 대부분이었으며, 기간 연장은 1968년 단 한차례 있었다. 이는 1968년 1.21사태, 울진·삼척지구 사건 등의 비상사태에 따른 군사적 필요성 때문이었다. 이것을 제외한 나머지 9차례의 단축은 병력운영의 필요성에 따른 조치라기보다는 국민부담 완화를 명분으로 한 정치적 목적에 의한 것으로, 대부분 대통령 선기 기간에 공약으로 제시되었으며 정권 출범과 동시에 추진되었다. 2005년 노무현 정부에 의한 현역 복무기간 단축도 같은 배경으로 추진되었으며, 박근혜 정부의 병 복무기간 18개월 재추진도 2012년 대통령 선거 시 박근혜 후보의 선거 공약 중 하나였다.

적 저항과 정치적 논란에 휩싸여 실패할 가능성이 높다.

셋째, 50만 명의 병력 규모와 현역병 의무복무 기간도 현행대로 유지하되, 부족한 병력 충원을 위해 징집 대상 국민을 확대하는 방안이다. 대표적인 확대 대상은 여성이다. 현재 대한민국 헌법은 모든 국민에게 병역의무를 부과하고 있으나 병역법은 여성에 대해 병역을 면제해 주고 있다.[105] 그러나 근래 들어 여성들의 사회적 역할이 증대되면서 여성들의 군 참여 확대를 요구하는 사회적 여론이 증가하고 있다.[106] 스웨덴, 노르웨이 등의 북구 유럽 나라들은 최근 여성들을 현역으로 징집하여 남성들과 함께 같은 생활관에서 병역의무를 수행하도록 하고 있다. 이들이 차지하는 군내 비율은 약 30%이다. 이스라엘도 남성들과 동일하게 여성들에게 병역의무를 부과하고 있다. 다만 이들의 의무복무 기간은 남성보다 다소 짧다. 따라서 국민 개병제를 시행하는 타국의 사례나 국내법적 근거로 볼 때 여성들에게 필요 시 병역의무를 부과하는 것은 국가적 입장에서는 정당한 조치이다. 남녀 양성평등 차원에서도 타당한 측면이 없지 않다. 인구학적으로도 큰 문제는 되지 않는다. 한국군 현역병으로 여성을 징집한다면 그 규모는 2035년 이후 남자 인구만으로는 현역병 수요를 충족시키지 못하는 약 5만 명 정도가 될 것이다. 이는 2036년 이후 만 20세 여자 인구 약 20만 명의 25%로서 인구학적으로 충분히 감당할 수 있는 수준이다. 그러나 여성의 병역 부과는 사회적 합의와 군사적 필요성 검증을 요하는 것으로, 현재 여건으로는 가능성이 그리 높아보이지는 않는다. 여성들의 병역 의무 이행에 대한

105) 병역법 제3조(병역의무) ① 대한민국 국민인 남성은 헌법과 이법에서 정하는 바에 따라 병역의무를 성실히 수행하여야 한다. 여성은 지원에 의하여 현역 및 예비역으로만 복무할 수 있다.
106) 윤지원 (2016); 권인숙(2008).

사회적 공감대가 조성되려면 앞으로 장기적인 공론화 과정이 필요하며, 그 과정에서 여성들의 반발과 사회적 갈등이 예상된다. 이와 병행하여 군에서의 여성 인력 활용에 대한 군사적 필요성과 효용성에 대한 검토와 병력 운영 방식의 변화가 수반되어야 한다. 2019년 기준 여군의 규모는 약 1만 2,000명으로 군 간부의 6.8%에 지나지 않음에도 불구하고 많은 군 간부들은 여군들의 임무 수행에 부정적인 시각을 가지고 있거나 지휘 및 인력 관리상의 어려움을 표하고 있는 실정이다. 병역 자원 부족분을 여성 인력으로 보충할 경우 여군 인력은 현재보다 3배나 많아지게 되는데, 최대 어느 정도까지 군이 여성 인력을 필요로 하며, 또 이를 제대로 수용할 수 있을지에 대한 검토가 필요하다.

나. 경제적 측면

현역병 1인당 인력운영비 산출은 〈표 31〉과 같이 월 급여, 급식비, 피복비 등의 연간 병력 운영 비용과 군인 양성에 필요한 양성 교육비를 대상으로 하였다. 현역병 1인당 소요되는 비용을 정확히 산출하기 위해서는 앞에서 제시한 직접 비용 뿐 아니라 장병 보건 및 복지비용, 병영시설 건설 및 운영비용, 보수교육 비용, 부대관리비 등 현역병을 유지하는데 들어가는 모든 간접비용까지 고려해야 하나, 이는 매우 방대한 작업으로서 본 고는 편의상 현역병의 직접 비용 만을 고려하였다.

병 급여는 『2018년 국방통계연보』에 제시된 급여표를 기준으로 계급별 정체 기간과 계급별 보수액의 평균을 도출하였다. 2015년부터 2018년까지는 실제 지급된 현역병 월 급여를 적용하였으며, 2019년부터 2022년까지는 '국방개혁 2.0'에 제시된 월 급여 인상 예정 금액을 적용하였다. 월 급여는 2018년 88% 대폭 인상되었으며, 2020년과

2022년에 각각 33%, 25%씩 다시 인상될 예정이다. 월 급여액은 계급별로 상이하다. 따라서 1인당 연간 평균 금액을 산정하기 위해서는 계급별 정체 기간을 반영해야 한다. 복무기간 21개월 하에서 계급별 정체 기간은 이병 3개월, 일병 7개월, 상병 7개월, 병장 4개월이었다. 복무기간 단축에 따라 계급별 정체 기간은 하위 계급부터 1개월씩 짧아져서 2022년에는 이병 2개월, 일병 6개월, 상병 6개월, 병장 4개월로 조정될 것으로 예상된다. 전체 현역병들을 대상으로 한 1인당 연간 평균 급여액을 산출하기 위해서는 현역병 1인이 전체 복무 기간에 받는 총 급여액을 산출한 뒤 이를 연봉으로 환산해야 한다. 급여 인상 계획이 없는 2019년과 2021년은 각각 전년도의 월 급여에 연간 예상 물가상승률[107] 약 2%를 적용하여 산출하였다.

〈표 31〉 현역병 1인당 평균 연간 인력운영비

(단위: 만 원)

구분	2015년	2016년	2017년	2018년	2019년	2020년	2021년	2022년
계	647	686.6	710.9	935.2	954	1,100.9	1,125	1,266.3
급여	179.3	206.2	225.9	424.3	432.8	569.3	582.8	713.2
급식비	250.6	255.6	255.4	273.1	278.6	284.1	289.8	295.6
피복비	67.1	70.1	71.8	76.9	78.4	80	81.6	83.2
양성 교육비	150	154.7	157.8	160.9	164.2	167.5	170.8	174.3

* 연간 현역병 1인당 평균 급여 산출 근거

- 2018년 : (병장 봉급×4개월+상병 봉급× 7개월+일병 봉급×7개월+이병 봉급×3개월)/21개월×12개월

107) 소비자물가 상승률 및 전망 (출처: 현대한국경제연구원, '2019년 KERI 경제동향과 전망')

구 분	2017년	2018년	2019년
소비자물가 상승률 (%)	1.9	1.6	1.7 (예상)

- 2019년 : 2018년 급여에 봉급 인상률 2% 적용
- 2020년 : (병장 봉급×4개월+상병 봉급× 7개월+일병 봉급×7개월+이병 봉급×2개월)/20개월×12개월
- 2021년 : (병장 봉급×4개월+상병 봉급× 7개월+일병 봉급×6개월+이병 봉급×2개월)/19개월×12개월×봉급 인상률 2%
- 2022년 : (병장 봉급×4개월+상병 봉급×6개월+일병 봉급×6개월+이병 봉급×2개월)/18개월×12개월

* 피복비 및 급식비 산출 근거 : 『2018 국방통계 연보』, p. 37. 참조.
* 양성 교육비 산출 근거
- 2015년 : 1인 1주 원가 451,000원×5주×12개월/18개월 (『2016 육군비용편람』, p. 90. 참조)
- 2016년 : 1인 1주 원가 464,000원×5주×12개월/18개월 (『2017 육군비용편람』, p. 91. 참조)
- 2017~2022년 : 2016년 양성 교육비에 예상 물가 상승률 2% 적용

급식비와 피복비 산출은 『2018년 국방통계연보』에 제시된 자료를 근거로 하였다. 2015년부터 2018년까지는 실제 지출된 금액이며, 2019년 이후는 2018년 금액에 연간 예상 물가 상승률 2%를 더하여 산출하였다. 피복비의 경우는 급식비와는 달리 입영 초기에게 집중 투입되기 때문에 현실적으로 모든 계급에게 동일한 비율로 투입되지는 않지만 예산 편성 과정에서는 전 계급에게 동일한 기준으로 적용된다. 현역병 양성 교육비는 육군 훈련소와 사단 신병교육대에서 실시하는 5주간의 신병훈련에 소요되는 비용을 말한다. 2015년과 2016년 양성 교육비는 『2016년 육군비용편람』과 『2017년 육군비용편람』을 참고하여 산출하였다. 2017년 이후의 양성 교육비는 근거자료가 부재하여 2016년 양성 교육비를 기준으로 매년 예상 물가상승률 2%를 고려하여 산정하였다. 신병 1명에게 1주간 투입되는 양성 교육 비용은 2015년 45만 1,000원, 2016년 46만 4,000원이었다. 현역병 1인당 연간 인력운영비를 토대로 산출된 연도별 전체 현역병의 인력운영비는 〈표 32〉와 같다.

〈표 32〉 전체 현역병 연간 인력운영비

구분		2015년	2016년	2017년	2018년	2019년	2020년	2021년	2022년
현역병 연간 전체 인력운영비 (억 원)	전군 (증가율%)	2조 8,792	2조 9,524 (2.54%)	3조 71 (1.85%)	3조 7,314 (24.1%)	3조 5775 (-4.12%)	3조 8,642 (8.01%)	3조 6,788 (-4.8%)	3조 8,369 (4.3%)
	육군	2조 4,263	2조 4,718	2조 5,095	3조 768	2조 9,097	3조 935	2조 8,913	2조 9,505
1인당 평균 연간 인력 운영비 (만 원)		647	686.6	710.9	935.2	954	1,100.9	1,125	1,266.3
현역병 수 (만 명)	전군	44.5	43	42.3	39.9	37.5	35.1	32.7	30.3
	육군	37.5	36	35.3	32.9	30.5	28.1	25.7	23.3

표에서 보는 바와 같이 인력운영비 증가율은 2017년까지는 대체로 2~3% 정도로서 이는 국방비 내 전력운영비의 증가율과 비슷한 수준이었다. 2018년에는 '국방개혁 2.0'에 의해 현역병들의 봉급이 대폭 인상됨에 따라 현역병 전체의 연간 인력운영비가 24.1%나 증가하였다. 그러나 2019년 이후부터는 현역병의 규모가 축소됨에 따라 인력운영비가 단지 소폭 증가할 것으로 보인다. 2018년 대비 2022년의 현역병 인력운영비는 단지 2.83% 증가될 것으로 예측된다. 이는 2019년부터 2022년까지 4년간 연 평균 증가율이 0.7%에 지나지 않는 것으로, 물가상승률 등을 고려하면 실질적인 인력운영비는 오히려 감소할 것임을 의미한다.

2022년 예상 인력운영비 3조 8,369억 원은 〈표 33〉에 제시된 2022년 국방비 목표치(2019~2022년 국방 중기계획) 전력운영비 37조 2,869억 원의 10.3%로서, 2018년의 13.3%보다도 훨씬 낮은 수치이다. 이는 비록 현역병들의 월 급여를 대폭 증액시켰음에도 현역병 숫자가 줄어듦에 따라 오히려 국방비의 부담이 경감될 것임을 시사한다. 이는 또한 현역병 급여를 '국방계획 2.0'에 제시된 금액보다 좀 더 증액해도 현재 계획된 국방비 범위 내에서 충분히 감당할 수 있음을 의미한다.

〈표 33〉 연도별 국방비 구성

(단위: 억 원, %)

구 분		2015	2016	2017	2018	2019	2020	2021	2022
국방비		37조 4,560 (100%)	38조 7,995 (100%)	40조 3,347 (100%)	43조 1,581 (100%)	46조 6,971 (100%)	50조 3,008 (100%)	54조 1,092 (100%)	57조 7,869 (100%)
전력 운영비	소계	26조 4,420 (70.6)	27조 1,597 (70)	28조 1,377 (69.8)	29조 6,378 (68.7)	31조 3,238 (67.1)	33조 3,008 (66.2)	35조 4,092 (65.4)	37조 2,869 (64.5)
	[1]병력 운영비	**15조 5,962 (41.6)**	**16조 4,067 (42.3)**	**17조 1,464 (42.5)**	**18조 4,009 (42.6)**	**18조 7,759 (40.2)**	**20조 0,981 (40)**	**21조 1,360 (39.1)**	**22조 3,639 (38.7)**
	[2]전력 유지비	10조 8,458 (29)	10조 7,530 (27.7)	10조 9,913 (27.3)	11조 2,369 (26.1)	12조 5,479 (26.9)	13조 2,019 (26.2)	14조 2,732 (26.3)	14조 9,230 (25.8)
방위력 개선비		11조 140 (29.4)	11조 6,598 (30)	12조 1,970 (30.2)	13조 5,203 (31.3)	15조 3,733 (32.9)	17조 (33.8)	18조 7,000 (34.6)	20조 5,000 (35.5)

[1] 병력 운영비 : 인건비(급여 등), 피복비, 급식비

[2] 전력 유지비 : 국방 정보화, 장병 보건 및 복지, 군수지원 및 협력, 군 인사 및 교육훈련, 군사시설 건설 및 운영, 예비전력 관리, 군 책임운영기관, 정책기획 및 국제협력, 국방행정지원

제4장

인구절벽에 대비한 병력 충원방안

앞 장에서 살펴보았듯이 현재의 병력충원 방식은 곧 도래할 인구절벽 시대에 심각한 한계 상황을 맞게 될 것이다. 2022년 이후부터는 병역 대상자의 규모가 급격히 줄어들어 전환복무 및 대체복무자의 규모를 단계별로 줄이지 않으면 현역 병력 소요를 충족하기 곤란해진다. 2024년부터는 이 제도들을 완전히 폐지해야만 현역병 연간 소요인 20만 2,000명을 겨우 충원할 수 있게 된다. 그러나 이러한 조치도 10년 후에는 효력을 상실하게 된다. 2034년이 되면 한국의 병역 가능 자원은 현역병 소요 인구수 이하로 떨어질 전망이다. 따라서 이때가 되면 현재의 인구 추계로 볼 때 '국방개혁 2.0'에 제시된 현역병 규모 30만 3,000명을 현재의 제도로는 더 이상 유지하기 불가능해진다. 이러한 문제를 해결하는 방안으로 ① 병력 규모를 추가로 감축하는 방안, ② 의무복무 기간을 연장하는 방안, ③ 징병 대상을 여성으로 확대하는 방안 등을 고려해 볼 수 있으나, 현실적인 여건상 어느 방안도 실현 가능성이 작을 것으로 판단되었다.

여기서는 한국 사회의 미래 환경에 적합한 병력 충원 방안들을 대안적으로 제시하고, 이를 인구학적 측면과 경제적 측면에서 비교 분석한다. 현 시점에서 고려할 수 있는 방안으로는 징·모 혼합형 모델과 완전 직업군인제 모델을 고려해 볼 수 있다. 여기서 반드시 전제되어야 할 것이 적정 병력 규모에 대한 판단이다. 미래의 특정 안보 상황을 기반으로 적정 병력 규모가 결정되어야만 미래의 인구 구조를 고려한 소요 병력 충원 가능성과 경제적 능력을 고려한 소요 재원 조달 가능성을 판단할 수 있기 때문이다. 그러나 서론에서 언급하였듯이, 미래의 안보 상황을 예측하고 적절한 병력 규모를 판단하는 것은 또 다른 전문적인 연구가 필요한 작업이다. **따라서 본 연구는 미래의 한반도 안보 위협을 현재**

와 동일할 것으로 전제하며, '국방개혁 2.0'에서 제시하고 있는 2022년의 병력 규모 또한 현재의 시대적 상황에서 적정 규모일 것이라는 가정하에 대안을 제시하고자 한다.[108)]

1. 모델 1: 징병·모병 혼합제

군사 선진국들의 사례를 볼 때, 징·모 혼합제는 통상 징병제에서 모병제로 전환하는 과정에서 나타나는 과도기적 형태이다. 이는 기본적으로 국민 개병제를 유지한 가운데 징집병에 추가하여 일정 규모를 유급 지원병으로 충원하는 제도이기 때문에 어디까지나 징병제의 한 종류이다. 현재 한국군도 비록 소규모이긴 하지만 유급 지원병 제도를 시행하고 있기 때문에 징모 혼합제로 볼 수도 있겠으나, 그 규모가 너무 작아 징·모 혼합제라고 하기에는 어색한 면이 있다. 징·모 혼합제는 징병제와 모병제의 장점을 섞어 놓은 제도로서 징병제를 통해 국민주권의 원칙을 구현하고 국민 통합을 기하는 한편, 모병제를 통해 전문성과 숙련도가 요구되는 분야에 전문인력을 충원할 수 있다는 장점이 있다.

현재 징·모 혼합제를 시행하고 있는 나라는 스웨덴, 러시아, 중국 등이 있으며, 모병제 채택 이전의 프랑스, 독일 등이 여기에 포함된다. 러시아는 2017년에 군 병력의 70%를 모병으로 충원하였으며, 2020년에

108) 이는 연구자가 '국방개혁 2.0 기본 방향'에 제시된 군 병력 규모를 한반도 안보 상황에 맞춘 최적의 한국군 규모라고 평가하는 것이 아니라, 연구의 편의상 2022년 병력 규모를 병력 충원 방안을 모색하는데 필요한 기준으로 삼는다는 의미이다.

는 90%까지 모병을 확대할 예정이다. 중국은 1999년에 병역법을 개정하여 완전 징병제를 폐지하고 징집병과 지원병을 혼합하되 지원병의 비율을 확대하는 제도를 시행하고 있다. 대만은 2015년부터 징병제를 폐지하고 완전 모병제를 시행하기로 하였으나 지원병이 부족하여 그동안 징병제와 모병제의 중간 형태를 취하고 있다가 2018년 말이 되어서야 완전한 모병제로 전환하였다.

본 고가 제시하는 징·모 혼합형 모델은 다음의 두 가지를 전제로 한다. 첫째, 기본적으로 국민 개병제하에서 현재의 징병 체제의 기본 골격을 그대로 유지한다. 따라서 법이 인정하는 소수의 병역 면제자를 제외하고 가급적 모든 한국 남성이 병역의무를 이행할 수 있도록 모델링한다. 이는 병역을 면제받는 잉여 자원의 규모를 최소화함으로써 국민들의 병역 이행의 형평성을 보장하고 병역 자원을 최대한 활용하기 위함이다. 둘째, 대안적 모델이 2022년 시점의 전력 수준의 저하를 가져와서는 안 된다. 즉 병력을 감축한다고 해서 현존하는 군의 능력을 저하시켜서는 안 되며, 병력 구조 조정 이후에도 현재와 동일한 수준의 전력을 발휘할 수 있는 모델이 되어야 함을 의미한다.

병역 가능 인구 감소에 따른 징집 현역병 부족분을 상쇄할 유급 지원병의 적정 규모를 판단하기 위해서는 징집병과 유급 지원병 간의 개인 능력 지수 및 상호 대체 가능 비율을 먼저 판단할 필요가 있다. 본 고는 전문 직업군인, 단기 지원병, 징집병이 각각 동일한 수준의 직무 성과를 달성할 수 있는 인원수의 비율을 1:2:3으로 가정한다. 즉 본 고는 숙련자인 전문 직업군인 1명, 반(半)숙련자인 단기 지원병 2명, 비숙련자인 징집병 3명은 각각 동일한 능력을 발휘할 수 있을 것으로 가정한다. 직무의 성격과 개인의 역량에 따라 직무 성과의 편차가 매우 크기 때문에 개인 능력 지수의 신분 간 비교가 다소 무리일 수 있으나, 징집병과 지원병 간의 상호 대체 수요를 판단하기 위해서는 불가피한 측면이 있다.[109]

이러한 점들을 토대로 본 고는 다음과 같은 모델을 제시한다.

- **기본 전제**
  ① 가급적 모든 병역 대상자들이 입영할 수 있도록 모델링
  (국민적 병역 형평성 유지, 병역 면제자 최소화)
  ② '국방개혁 2.0'에 제시된 2022년의 병력 지수 유지
- **가정**
  전문 직업군인:지원병:징집병 간 등가 인원비 = 1:2:3
- **징·모 혼합 모델**
  징집병 22.3만 명(18개월 복무) + 지원병 5.3만 명(2년 복무)

---

109) 사실, 아직까지 전문 직업군인, 단기 부사관, 징집병 간의 직무 수행 능력이나 직무 효율성을 상호 비교하여 정량적으로 제시한 연구는 없다. 이들 집단 간의 전투 실험을 통해 상호 전투 능력을 비교 평가한 사례도 발견되지 않는다. 다만, 2016년 박용준·김현준의 "병역제도 혁신을 통한 모병-징병 간 행태적 차이에 관한 연구"를 통해, 육군의 특공부대원들(징집 현역 병사)과 특전부대원들(모병 단기부사관) 간의 전투 역량을 비교한 바 있다. 이를 통해 연구자들은 모병 단기 부사관들의 전투 역량이 징병 현역 병사들보다 우수하다는 결론을 도출한 바 있다. 출처: 박용준·김현준, "병역제도 혁신을 위한 모병-징병 간 행태적 차이에 관한 연구," 『한국정책학회보』 제25권 제2호 (2016. 6) pp. 65~90.
2014년 육군본부 분석평가단이 수행한 "병 숙련수준 관련 분석 결과"에 따르면, 병사들의 숙련에 필요한 기간은 병과에 따라 큰 차이는 없었으며, 평균적으로 대략 14개월이었으며, 다련장·대공포·감시장비 등 특수 장비 운용 특기의 숙련 소요기간은 16~17개월인 것으로 분석되었다. 병의 전투력 수준은 복무 기간에 비례하는데 18개월 경과 시 지휘관 요망수준의 84.2%를 기록하였으며, 전 복무 기간을 망라한 병사들의 평균 전투력은 대략 70% 수준이었다. 이러한 분석 결과를 토대로 판단해 볼 때, 복무 기간 18개월 이하의 징집병과 19개월 이상의 지원병 간의 전투력 비는 대략 2:3 정도로 유추할 수 있다. 출처: 육군본부 분석평가단, "병 숙련수준 관련 분석 결과," (2012년 육군본부 내부 분석자료).
한편, 징집된 비숙련 단기 병사와 숙련된 전문 직업군인의 등가(等價) 판단 시 양 집단의 직무 성숙도, 직무 효율성, 비용 등을 고려하여 통상 3:1을 적용한다. 2000년대 초 징집 현역병 규모 축소 고려 시 국방부는 병사 3명 당 부사관 1명의 충원이 필요한 것으로 검토한 바 있으며, 2006년 국방부가 전투경찰 폐지를 결정하자 경찰청에서는 전투경찰 3명당 직업 경찰 1명의 증원이 필요한 것으로 내부적으로 판단한 바 있다.

가. 인구 구조적 측면

제4장 〈표 29〉에 제시된 향후 한국의 인구 추계에 따르면 2024년부터 2034년까지 한국의 병역 대상 인구는 연간 20~22만 명 정도가 될 것이며, 2038년 이후에는 13~17만 명 정도가 될 것으로 전망된다. 이들 중 양심적 병역 거부자 등 병역 면탈자들을 고려하면 2038년 이후의 실제적인 연간 입대 가능 인원은 연 평균 약 15만 명 정도가 될 것으로 판단된다. 이들이 18개월을 복무한다면 한국군은 전체적으로 약 22만 명의 징집병 규모를 유지할 수 있을 것이다. 그럴 경우, '국방개혁 2.0 기본 방향'에 제시된 현역병 약 30만 3,000명보다 약 8만 명이 부족하게 되는데, 이를 상쇄하기 위해서는 부족한 인원수만큼을 유급 지원병으로 충당하지 않으면 안 된다. 이는 징집병 대 지원병의 전투력비를 2:3로 고려할 때 유급 지원병 약 5만 3,000명에 해당한다. 유급지원병은 18개월 복무를 마친 현역병 중에서 선발한다. 모델 1의 신분별 병력 구조는 〈표 34〉와 같다.

〈표 34〉 모델 1의 신분별 병력 구조

구 분	계	간부	지원병	징집병
인원수 (만 명)	47.3	19.7	5.3	22.3
비고 (복무기간)		현재와 동일	2년	18개월

위의 표에 제시된 간부 수는 장교와 부사관 인원수의 합계로서 '국방개혁 2.0'에 제시된 19.7만 명 규모를 그대로 적용한다.[110] 모델 1의 한국

110) 2022년 한국군 병력구조

구분	계	장교	부사관	병
인원수 (만 명)	50	7.0	12.7	30.3

*육·해·공군 모집병도 개인이 군종과 병과만 선택했을 뿐 병역 이행 여부를 자의로 결정하는 것이 아니기 때문에 징집병의 범주에 포함된다.

군 총 병력 규모는 47만 3,000명으로 이는 '국방개혁 2.0'의 50만 명보다 2만 7,000명 감소한 수치이다. 징집병 22만 3,000명을 유지하기 위해서는 연간 약 15만 명이 현역으로 입영해야 하며, 이는 〈그림 14〉에서 보는 바와 같이 2038년 이후의 병역 가용인구 13~17만 명의 중간값에 해당하는 규모로서 거시적으로 볼 때 병력 충원은 가능할 것이다. 그러나 2042년에는 징집 가능 인구가 13만 1,000명에 지나지 않아 병력 충원에 어려움이 발생할 수 있다. 이에 대한 충격을 완화하기 위해서는 현역병 징집 연령대를 확대하여 징집 시기를 당기거나 늦추는 등의 대책이 필요할 것으로 보인다.

〈그림 14〉 병역 가능 인구와 모델 1의 현역병 소요

(단위: 명)

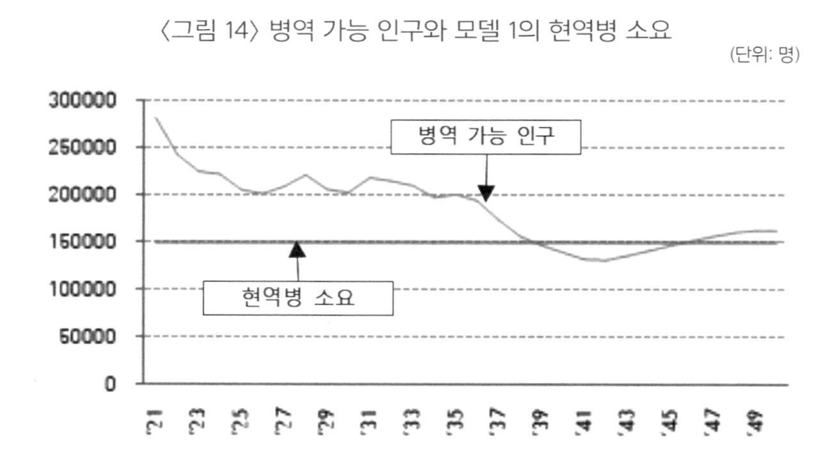

또한, 현역병 중에서 2년 복무의 지원병을 매년 약 2.7~2.8만 명씩 획득할 수 있을지에 대한 문제가 있다. 이는 현재 운영 중인 유급 지원병의 모집 현황을 보면 문제의 심각성을 이해할 수 있다. 현재 유급 지원병 제도는 유형-1과 유형-2로 구분하여 약 8,500명을 모집하고 있으나 실제로는 약 4,000명 정도만 지원함으로써 유급 지원병의 운영률

은 46.6% 수준밖에 미치지 못하고 있다.[111] 따라서 이러한 추세로만 본다면 2년 복무 지원병을 연간 2만 8,000명 가까이 획득하는 것은 매우 어려울 수 있다. 그러나 현행의 유급 지원병의 문제점을 분석한 자료에 의하면, 유급 지원병의 가장 큰 문제점으로 단기 부사관들과의 차별 대우, 상위 계급으로의 진출 제한, 낮은 급여 문제 등을 들고 있다.[112] 따라서 현역병들의 유급 지원병에 대한 선호도와 지원율을 높이기 위한 대책이 필요할 것이다. 가령 유급 지원병들에게 중기 및 장기 복무의 통로를 확대하고, 급여와 각종 처우를 개선하는 한편, 경직된 군대 문화를 개선하여 군대를 자아실현의 장으로 변화시켜 국민과 신세대 젊은이들의 군에 대한 인식과 선호도를 높여야 할 것이다. 최근 국방부와 육군에서는 '국방개혁 2.0'의 일환으로 유급 지원병들의 처우 등을 개선하는 등 유급 지원병 지원율을 상향시키기 위한 노력을 다양하게 전개하고 있다.

나. 경제적 측면

한편 경제적 측면에서 모델 1의 현실적 적용 가능성을 판단해 보자. 우선 징집병 22만 3,000명의 인력운영비 소요를 연도별로 계산한 결과는 〈표 35〉와 같다.

---

111) 유급지원병 운영 현황 (출처: 2018년 국방부 내부 검토 자료) (단위: 명)

구분	계			유형-1			유형-2		
	정원	운영	운영률	정원	운영	운영률	정원	운영	운영률
'15년	6,516	3,283	50.4%	4,074	2,338	57.0%	2,442	945	38.9%
'16년	8,490	3,684	43.4%	6,490	2,643	40.7%	2,000	1,041	52%
'17년	8,490	3,959	46.6%	6,490	2,841	43.8%	2,000	1,118	55.9%

112) 김민호, 『모집병 지원 의사와 수용 의사의 결정요인에 관한 연구』(2018년 서울대학교 행정대학원 정책학 석사학위 논문).

〈표 35〉 징집병 평균 연간 인력운영비

구분		2022년	2025년	2030년	2035년	2040년	2045년	2050년
연간 인력 운영비	징집병 1인 (만원)	1,266.3	1,343.8	1,483.7	1,638.1	1,808.6	1,996.8	2,204.7
	징집병 전체 (억원)	2조 8,238	2조 9,967	3조 3,087	3조 6,530	4조 331	4조 4,529	4조 9,165

* 2022년 이후 : 2022년 기준 연간 예상 급여인상률 및 물가상승률 2% 적용

이어서 지원병 5만 3,000명에 대한 인력운영비를 산출하면 다음과 같다. 지원병의 계급은 하사로서, 18개월 복무를 마친 징집병 중에서 선발한다. 이들은 2년을 근무하되, 본인이 희망할 경우 장기복무가 가능하도록 한다. 급여 등의 처우와 인사관리는 단기하사[113]와 동일하게 적용하며, 호봉 산정시 병 복무기간을 포함한다. 이는 현재 시행하고 있는 유급 지원병 제도와는 다소 차이가 있다. 현재의 유급 지원병 제도는 유형-1, 2로 구분하여 차등적으로 적용되고 있다. 유형-1의 경우, 병으로 의무 복무 후 본인의 희망에 따라 연장 복무기간을 6~18개월로 선택할 수 있다. 기본급은 단기하사와 동일하나 각종 수당이 없어 연간 보수는 단기하사의 83%에 지나지 않는다. 유형-2는 입대 전에 미리 선발하여 일반 병으로 의무 복무한 이후 유급 지원병으로 전환하여 본인 희망과 관계없이 총 3년간을 복무토록 하는 제도로서, 연간 총 보수는 단기하사와 동일하다.[114] 본 고가 제시하는 모델 1의 지원병은 '국방개혁 2.0' 추진 계획과 같이 현재의 단기하사와 동일한 보수 체계를 적용한다. 2018년 기준 단기하사 1인당 연간 인력운영비는 〈표 36〉과 같다.

113) 민간인 또는 일병 이상의 현역병 중에서 선발되어 일정기간의 양성과정을 거쳐 하사로 임관한 후 48개월을 의무 복무하는 부사관을 말한다.

〈표 36〉 단기하사 1인당 연간 인력운영비 (2018년)

(단위: 만 원)

구분	계	[1]급여	급식비	피복비	[2]법정부담금 (국고부담)
내용	3,561	2,904	290	58	308

[1] 급여: 2018년 월보수 총액 242만원 × 12개월

[2] 법정부담금: 연금 및 보험료

〈표 37〉 지원병 평균 연간 인력운영비

구분		2022년	2025년	2030년	2035년	2040년	2045년	2050년
연간 인력 운영비	지원병 1인 (만 원)	3,855	4,090	4,516	4,986	5,505	6,078	6,711
	지원병 전체 (억 원)	2조 432	2조 1,677	2조 3,938	2조 6,426	2조 9,177	3조 2213	3조 5,568

* 연도별 지원병 인력운영비는 2018년 단기하사 연간 인력운영비에 매년 물가상승률 2% 적용하여 산출

이것을 적용하여 2022년부터 2050년까지 지원병 5만 3,000명의 운영비 소요를 유추하면 〈표 37〉과 같다. 표에서 제시된 수치는 2018년에 지급된 급여체계를 기준으로 매년 물가상승률 2%를 반영하여 산출한 금액이다. 따라서 여기서는 해당 기간 중 정책적 결정에 따른 급여 인상 등의 불가측적 변수는 고려하지 않는다. 모델 1의 징집병 22만

114) 2018년 기준 유급 지원병과 단기하사 연간 급여 비교 (출처: 국방부, "유급 지원병 제도 개선 방안", 2018년 국방부 내부 검토 자료)

구분	유급 지원병		단기 하사
	유형-1	유형-2	
총액	182만 원	242만 원	242만 원
기본급	147만 원	147만 원	147만원
장려금	35만 원	95만 원	-
각종 수당	-	-	95만 원

3,000명과 지원병 5만 3,000명 전체 병력에 투입되는 2022년의 연간 인력운영비는 〈표 38〉에서 보는 바와 같이 총 4조 8,670억 원으로, 이는 현행 제도하에서 징집병 30만 3,000명을 유지하는데 필요한 인력운영비 3조 8,369억 원의 1.27배로서 약 1조 원이 추가로 소요된다.

〈표 38〉 모델 1의 징집병 및 지원병 평균 연간 운영비 소요

(단위: 억 원)

구분		2022년	2025년	2030년	2035년	2040년	2045년	2050년
연간 인력 운영비	징집병	2조 8,238	2조 9,967	3조 3,087	3조 6,530	4조 331	4조 4,529	4조 9,165
	지원병	2조 432	2조 1,677	2조 3,938	2조 6,426	2조 9,177	3조 2213	3조 5,568
	총액	4조 8,670	5조 1,644	5조 7,021	6조 2,955	6조 9,508	7조 6,742	8조 4,733

한편 2022년 징집병과 지원병 운영에 필요한 4조 8,670억 원은 2022년 예상 전력운영비의 13.1% 수준으로, 과거의 국방비 구성비에 비추어 볼 때 모델 1의 징집병 및 지원병 운영비 비율의 증가 폭은 그리 크지 않은 편이다. 그동안 연도별 전력운영비에서 차지하는 현역병들의 운영비는 매년 약 11% 정도를 유지해 왔으며, 병 급여가 대폭 인상된 2018년에는 12.6%를 기록하였다.[115] 이를 볼 때, 지금까지의 추이대로 연도별 국방비의 구성비가 앞으로도 큰 변동 없이 그대로 유지된다면 언제라도 모델 1을 적용하는 데 있어 재정적인 어려움은 크지 않을 것으로 판단된다.

향후 한국 경제성장률의 급격한 둔화로 인해 국방비 증가율이 현재의 약 6% 대에서 3% 대로 대폭 감소될 전망임에도 불구하고, 인력운

115) 연도별 전력운영비에서 차지하는 현역병 인력운영비 비율

구분	2015년	2016년	2017년	2018년	2019년	2020년	2021년	2022년
내용 (%)	10.9	10.9	10.7	12.6	11.4	11.6	10.4	10.3

영비가 예상치 않은 정책적 결정에 따라 획기적으로 증액되지 않는 한, 징집병과 지원병 운영비가 전력운영비에서 차지하는 비중은 매년 0.16%씩 감소한다. 그 결과, 〈표 39〉에서 보는 바와 같이 2035년부터는 전체 전력운영비에서 징집병과 지원병이 차지하는 인력운영비의 비율이 11.5% 이하로서 현재와 비슷한 수준이 될 것이다.

한편, 국방비에서 차지하는 모델 1의 전체 병력유지비 비율은 2022년에 40.5%로서 '국방중기계획' 상의 2022년 목표치 38.7%에 비해 다소 크다고 볼 수 있으나, 2019년 병력유지비 비율 40.2%보다는 약간 높은 정도이고 2018년 이전의 비율보다는 오히려 낮다. '국방중기계획' 상의 2022년 병력운영비 목표치가 22조 3,639억 원인데 비해 모델 1의 2022년 병력운영비 소요 추정치는 이보다 약 1조 원 많은 23조 3,940억 원으로, 연간 국방비 규모로 볼 때 충분히 감당할 수 있는 수준이다.

〈표 39〉 모델 1의 징집병·지원병 연도별 인력운영비 비중

(단위: 억 원)

구분	2022년	2025년	2030년	2035년	2040년	2045년	2050년
[1]국방비	57조 7,869	63조 1,453	73조 2,027	84조 8,620	98조 3,783	114조 474	132조 2,122
[2]전력운영비	37조 2,869	41조 444	47조 5,818	55조 1,603	63조 9,459	74조 1,308	85조 9,380
병력운영비 (국방비 대비 %)	23조 3,940 (40.5)	24조 8,259 (39.3)	27조 4,098 (37.4)	30조 2,626 (35.7)	33조 4,124 (34.0)	36조 8,900 (32.3)	40조 7,295 (30.8)
징집병/지원병 운영비 (전령운영비 대비 %)	4조 8,670 (13.1)	5조 1,649 (12.6)	5조 7,025 (12.0)	6조 2,960 (11.4)	6조 9,513 (10.9)	7조 6,748 (10.4)	8조 4,736 (9.9)

[1] 예상 국방비는 연간 예상 증가율 3%를 적용

[2] 예상 전력운영비는 국방비의 65%를 적용

2. 모델 2: 단기 지원병제

제2장에서 알아보았듯이 미국을 비롯하여 영국, 독일, 프랑스, 일본 등 대부분의 선진국들은 모병제를 시행하고 있다. 모병제는 주로 외부로부터의 직접적인 안보 위협이 상대적으로 작아 비교적 적은 수의 병력을 유지할 수 있거나 경제적 능력이 뒷받침되는 경우, 또는 인구 규모가 커 지원병 모집에 어려움이 작은 국가들이 주로 채택하고 있다. 중국과 러시아도 기존의 징병제에서 모병제로의 전환을 추진 중에 있다.[116] 모병제를 채택하고 있는 많은 국가들은 비록 상비부대 병력은 모병제를 통해 충원하는 지원병 체제를 유지하면서도 유사시 국가가 국민을 대상으로 병력을 강제로 동원할 수 있도록 모든 국민에게 병역의무를 부과하는 국민 개병제를 그대로 유지하고 있다. 우리나라의 경우는 외부로부터의 직접적인 안보 위협이 상존하며, 장기간 지속되고 있는 저출산 현상으로 인해 병역 대상 인구가 매우 부족한 실정이고 국방비의 비중도 높지 않아 현재 상태로는 모병제를 시행하는데 많은 어려움이 따를 것으로 판단된다. 군사적 긴장이 고조되어 있는 한반도 안보 환경 하에서 우리 군의 병력을 과도하게 줄이는 것도 현실적으로 쉽지 않은 문제이다.

그럼에도 불구하고, 본 고는 사회적으로 점증하는 모병제 채택 요구에 대비하여 완전한 모병제로의 전환 가능성을 알아보고자 한다. 완

116) 러시아의 경우, 징병제에서 모병제로의 전환을 추진하는 과정에서 상비부대, 특수부대, 해병대를 우선적으로 계약병으로 충원하고 있는데, 이는 인구에 비해 계약병 수가 적어 국민적 부담이 비교적 덜하고, 적은 봉급으로도 계약병 모집이 가능하며 고용 창출 효과가 있기 때문에 범정부 차원에서 강력한 의지로 추진하고 있다.

전 모병제로 전환할 경우, 어느 정도가 적정 병력 규모일 것인가는 매우 중요한 문제이다. 원칙적으로 적정 규모에 대한 판단의 기준은 '현재 또는 예상되는 미래의 안보 위협에 얼마나 효과적으로 대처할 수 있는가'가 되어야 한다. 그러나 안타깝게도 그러한 판단 기준을 근거로 적정 병력 규모를 제시하는 연구는 현재까지 발견되지 않는다. 드물게, 모병제 전환 시 병력 규모 판단에 대한 연구가 있지만, 이들은 대부분 미국, 영국 등 모병제를 채택한 외국의 사례들을 분석하여 인구 대비 병력 비율과 GDP 대비 국방비 비율을 기준으로 한국군의 적정 병력 규모를 제시하거나, 아니면 현재 또는 향후 계획된 병력 규모의 감축률에 대한 비용 분석을 통해 재정적 측면에서의 적정 병력 규모를 제시하는 것이 일반적이었다.[117] 가령 국방연구원의 조관호·이현지(2017)는 영국, 독일, 프랑스 등 모병제 국가들의 인구 대비 평균 병력 비율은 0.4%로서 이를 우리나라에 적용하면 약 15~20만 명 정도가 모병제하에서의 적정 한국군 병력 규모일 것으로 보았다. 또는 모병제 국가의 국방비 투입 비율 5~8을 한국군에 적용한다면 한국군은 약 30만 명 정도가 적당한 규모일 것으로 제시하고 있다.[118] 한편 김상봉·최은순(2010)은 국방개혁 계획에 제시된 병력 규모에 병력 감축률을 획일적으로 10%, 20%, 30%, 40%로 적용한 각각의 시나리오를 가정하고

---

117) 조홍용(2017), 이동환·강원석(2017) 등.

118) 조관호, 이현지는 '국방비 투입 비율'을 병력 1인당 국방비를 인구 1인당 GDP로 나눈 값으로 산출하여 각국의 국방비 투입 비율을 비교하였다. 우리나라의 국방비 투입 비율은 병력 1인당 국방비 5.3만 달러를 1인당 GDP 2.7만 달러로 나누면 1.9로 계산된다. 이 비율이 높을수록 군사력과 병력 운영을 위해 더 큰 비용을 투입한다고 볼 수 있다. 모병제 국가의 국방예산 투입 비율은 7.1이며, 징병제 국가는 평균 4.5를 나타내고 있다. 이러한 세계적 추세에 비추어 볼 때 우리나라의 국방비 투입 비율은 매우 낮은 수준이다. 조관호, 이현지, "외국 사례 분석을 통한 미래 병력 운영 방향 제안," (2017).

각 시나리오별 비용 분석을 시도하였다.[119]

본 고는 한국의 안보 상황을 고려하여 적정 지원병 규모를 산출하기보다는, '국방개혁 2.0'에 제시된 2022년 한국군의 징집병 규모를 기준으로 지원병 소요 규모를 산출하였다. 따라서 본 고는 직업군인:지원병:징집병의 등가 인원수비 1:2:3을 적용하여 2022년의 징집병 30만 3,000명을 대체할 수 있는 직업군인 및 지원병의 적정 소요를 도출하였다.

모델 2는 국가와의 고용 계약에 의해 일정 기간을 복무하고 제대하는 지원병제 모델로서, 미국·일본·영국·프랑스·독일 등이 채택하고 있다. '국방개혁 2.0'에 제시된 2022년의 징집병 30만 3,000명의 병력지수 손실 없이 이를 대체하기 위해서는 몇 명의 간부 및 지원병이 필요할까? 만일 징집병 30만 3,000명 전원을 전문 직업군인으로 대체할 경우 10만 1,000명이 필요할 것이며, 전부를 지원병으로 대체할 경우에는 20만 2,000명이 필요하다. 모델 2는 징집병 30만 3,000명을 대체할 전문 직업군인과 지원병의 적정 조합을 제시한다. 모델 2는 지원병 규모를 전체 병력의 약 25% 정도로 하며, 최소 복무 기간은 3년으로 설정하였다. 만일 지원병의 규모가 25%를 초과할 경우, 연간 모집해야 하는 지원병 수가 많아져 미래 한국 사회의 인구 구조상 지원병 모집에 어려움이 있을 것이 예상되기 때문이다. 지원병의 의무복무 기간을 3년으로 설정한 이유는 최소 지원병의 복무 기간이 너무 짧으면 연간 모집해야 할 지원병의 규모가 커져 지원자 모집의 어려움이 가중될 것이기 때문이다.

---

119) 김상봉, 최은순, :국방인적자원의 충원 모델 전환에 따른 사회 경제적 효율성 분석에 관한 연구," 『한국행정논집』 제22권 제1호(2010 봄), pp. 55~83.

- **기본 전제**
  ① 국민 개병제로서 병역 대상 인구 중 현역 미입대자는 기초 군사훈련 이수 후 예비역 편입
  ② '국방개혁 2.0'에 제시된 2022년의 병력 지수 유지
  ③ 지원병 비율은 전체 병력의 25%를 유지하며, 추가 부사관은 3년 복무를 마친 지원병 중에서 선발
- **가정**
  전문 직업군인:지원병:징집병 간 등가 인원비 = 1:2:3
- **단기 지원병제**
  지원병 8.5만 명(3년 복무) + 추가 부사관 5.3만 명(장기 복무)

가. 인구 구조적 측면

모델 2의 신분별 병력 소요를 구하는 공식은 다음과 같다.

Nt(전체 병력 수) = 19.7만명(기존 간부 수) + aNe(추가 간부 소요) + Nv(지원병 소요)
Nv = 0.25Nt
30.3만 명 = (aNe × 3) + (Nv × 3/2)

그 결과 모델 2의 병력구조는 〈표 40〉과 같이 전체 병력 34만 명에 장교 7만 명, 부사관 18만 5,000명, 지원병 8만 5,000명으로, 이들의 비율은 약 2:5.5:2.5를 나타낸다. 이러한 신분 간 병력 비율은 일본 자위대와 유사한 구조이다.[120] 한편 미국군의 경우 장교(준위, 장교후보생 포함)의 비율은 18.9%로서 약 20% 정도를 유지하고 있지만 병의 비율

120) 일본 자위대 신분별 구성 (2017년 기준)

(단위: 만 명)

구분	계	幹部 (장교)	准尉	曹 (부사관)	士 (병)
정원 (구성비)	24.7 (100%)	4.6 (18.6%)	0.5 (2%)	14.0 (56.7%)	5.7 (23.1%)

출처: 일본 방위성, 『2018년 방위백서』

은 약 40%로서 매우 높은 수준이다.[121] 미군과 같이 한국군 전체 병력 중 40%를 지원병으로 구성하는 것은 병역 대상인구가 작은 한국의 상황에서는 현실적으로 적합하지 않을 것으로 판단된다.[122] 한편, 모델 2의 전체 병력 규모에서 차지하는 장교의 비율은 약 20.6%로서 미군이나 일본 자위대를 비롯한 대부분 국가들의 장교 비율과 유사하다. 이는 장교 대 부사관·병의 구성비가 약 2:8로서 조직 구성 시 일반적으로 적용하는 관리자(혹은 리더)와 실무자(혹은 팔로워) 간의 황금 비율인 2:8을 이루고 있다.

〈표 40〉 모델 2의 신분별 병력구조

구분	계	기존		모집	
		장교	부사관	부사관	지원병
인원수 (만 명)	34	7	12.7	5.8	8.5
비율 (%)	100	20.6	54.5		25
비고 (복무기간)		장기			3년

지원병이 3년을 복무한다고 가정하면, 지원병 8만 5,000명을 유지하기 위해서는 매년 2만 8,300명을 모집해야 한다. 이 규모는 2030년 이후 병역 대상 인구 약 16만 명의 약 17.5%로서 대단히 높은 비율이다.

121) 미국 신분별 구성 (2018. 11. 30. 기준) (단위: 만 명)

구분	계	장교	준위	부사관	병	장교 후보생
정원 (구성비)	131.5 (100%)	21.2 (16.1%)	1.8 (1.4%)	53.7 (40.8%)	53.4 (40.6%)	1.3 (1%)

출처: DMDC, "DoD Personnel, Workforce Reports & Publications". http:// www.dmdcosd.mil/appj/dwp/dwp_reports.jsp. (검색일 : 2019. 1. 25.)

122) 지원병의 비율을 40%로 유지하기 위해서는 지원병의 규모가 약 15.5만 명 정도가 필요하며 이규모를 유지하기 위해서는 매년 5만 명 이상의 지원병을 모집해야 하는데, 이는 병역 대상 인구의 30% 이상이 넘는 규모로서 소요 병력 충원이 곤란할 것으로 보인다.

우리보다 인구가 2.6배 많은 일본의 경우 연간 약 1만여 명의 자위관(병)을 모집하며, 우리보다 인구가 6.7배나 많은 미국의 경우에도 매년 모집하는 신병의 규모가 연간 13만 명 정도로서 전체 모집 대상 인구의 5%에 미치지 않는다. 그럼에도 이 나라들조차 매년 지원자 모집에 어려움을 겪고 있는 실정이다. 미국, 일본 등의 모병 사례와 현재 우리 군의 현실을 비추어 볼 때 우리 군이 매년 3만 명에 가까운 지원병을 모집하는 것은 매우 어려워 보인다. 따라서 매년 요구되는 지원병 수를 충원하기 위해서는 급여, 대우, 군인들에 대한 사회적 인식, 군대 문화, 홍보 등 다방면에 걸쳐 대대적으로 혁신 및 선진화시켜 국민의 군대에 대한 직업적 선호도를 획기적으로 향상하지 않으면 안 된다.

한편, 우리나라보다 인구 규모가 절반도 되지 않는 대만(2018년 기준 약 2,355만 명)의 경우, 몇 년간에 걸쳐 매년 약 2만 5,000명의 지원병을 모집하여 2018년 말 기준으로 15만 3,000명의 지원병을 확보함으로써 2019년부터 본격적으로 전면 모병제 체제로 전환하였다.[123] 이런 대만의 사례를 보면, 모델 2에서 제시하는 지원병 소요의 충족이 결코 불가능한 것만은 아니다. 더욱이 장기적인 측면에서 한국의 잠재 경제성장률이 현저히 감소되고, 이와 병행하여 4차 산업혁명 신기술의 확산에 따라 산업계의 인력 고용이 감소하면서 청년 실업률이 더욱 증가할

123) 대만군은 총 21만 5,000명이며, 이중 상비부대 정식 편제는 18만 8,000명이다. 대만은 2007년 모병제 도입을 결정하고 2013년부터 시행하고자 하였으나 지원병 부족으로 3차례 시행이 연기되었다. 이후 2018년 말 전체 병력의 81%인 15만 3,000명이 충원됨에 따라 20% 부족한 상태에서 2019년부터 전면 지원병제를 시행하게 되었다. 지원병으로 군에 입대하지 않는 자는 4개월간 의무적으로 군사훈련을 받고 동원 예비군에 편입된다. 김준석, “대만 징병제, 67년 만에 역사 속으로... 내년부터 모병제” 『머니 투데이』(2018. 12. 18.)

것으로 예상된다.[124] 이러한 사회적 추세를 고려할 때 연간 약 3만 명의 지원병 모집은 오히려 군대가 청년들에게 사회적으로 일자리 제공하는 결과를 가져오고 고용 창출 및 소득 증대 효과를 낳는 긍정적인 측면을 기대할 수 있다. 이러한 점들을 고려할 때, 한국 사회에서 매년 3만여 명의 지원병을 모집하는 것이 그리 어렵지만은 않을 것으로 보인다.

모델 2의 추가적인 간부 소요 5만 8,000명은 지원병들로부터 충원한다. 이들의 평균 복무 기간을 20년으로 상정할 때 매년 추가로 충원해야 하는 간부(부사관)의 수는 약 3,000명 정도로서, 매년 계약이 만료되는 약 3만 명의 지원병 중에서 선발하여 장기간 활용하되, 현행 제도하에서 운영되는 약 13만 명의 부사관과 연계하여 관리해야 한다. 즉, 추가 부사관 소요 5만 8,000만 명과 기존의 부사관 12만 7,000명을 통합한 전체 18만 5,000명을 하나의 부사관 인사관리 체계 안에서 운영하면서, 매년 지원병 중에서 선발하는 부사관의 비율과 민간 선발 비율을 그때그때의 상황에 맞게 신축적으로 판단하여 결정할 필요가 있다. 만일 지원병 중에서 장기 복무를 희망하는 자가 많다면 이들의 부사관 선발 비율을 확대하는 반면, 민간 자원으로부터 직접 선발하는 비율은 축소해야 할 것이다. 또한, 지원병에 대한 사회의 지원율을 높이기 위해 정책적 차원에서 지원병들의 부사관 진출 기회를 확대할 필요도 있을 것이다.

---

124) 2018년 우리나라의 청년 실업률(경제활동 인구 중 15세에서 29세까지의 실업자 비율)은 약 10%, 약 40만 명이었다. (참조: 통계청, KOSIS 국가통계 지표)

나. 경제적 측면

한편 모델 2에 대한 비용 분석 결과는 다음과 같다. 30만 3,000명의 징집병 대신에 추가로 소요되는 5만 8,000명의 간부와 8만 명의 지원병을 유지하는데 필요한 인력운영비를 산출해 보자. 지원병 1명당 유지비는 모델 1에서 제시된 바와 같다. 추가 소요되는 간부를 유지하는데 필요한 유지비는 20년차 부사관의 평균 유지비를 기준으로 하였다. 그 결과 2018년 현재 시점을 기준으로 한 지원병 1인과 간부 1인의 인력운영비 소요와 이들의 전체 운영비 소요는 〈표 41〉과 같다.

〈표 41〉 모델 2의 지원병 및 간부 1인당 연간 인력유지비 소요 (2018년 기준)

구분	계	[1]추가 소요 부사관	[2]지원병
1인당 유지비 (만원)	-	7,100	3,561
지원병·추가소요 부사관 총 유지비 (억원)	7조 2,213	4조 1,180	3조 1,033

1) 추가소요 간부 인력운영비: 국고부담 간접비를 포함한 20년차 상사 1인당 연간 유지비임. (참조: 국방부 기획예산관실, 『2018년도 국방예산』(국방부, 2018), p. 68.)

2) 지원병 연간 운영비: 〈표 36〉에 제시된 하사 1인당 연간 유지비 산출 결과를 반영

이를 토대로 30만 3,000명의 징집병 대신에 추가로 소요되는 5만 8,000명의 부사관과 8만 5,000명의 지원병을 유지하는데 필요한 운영비를 산출한 결과는 다음과 같다. 〈표 42〉는 2022년부터 2050년까지의 지원병과 추가 소요 부사관 전체의 인력운영비를 나타내고 있다. 2022년을 기준으로 할 때, 징집병을 대체하는 지원병 및 추가 간부들을 유지하는데 들어가는 총비용은 약 7조 8,000억으로, 이는 징집병 30만 3,000명에 대한 유지비용 3조 8,369억 원의 2배가 넘는다. 이는 모델 1보다도 각각 약 1.5배나 큰 금액이다.

〈표 42〉 모델 2의 지원병 및 추가소요 부사관 연간 인력운영비

(단위: 억 원)

구분		2022년	2025년	2030년	2035년	2040년	2045년	2050년
연간 인력 운영비	지원병	3조 3,591	3조 5,647	3조 9,357	4조 3,454	4조 7,976	5조 2,970	5조 8,483
	추가 부사관	4조 4,575	4조 7,303	5조 2,226	5조 7,662	6조 3,663	7조 0,290	7조 7,605
	총액	7조 8,166	8조 2,950	9조 1,584	10조 1,116	11조 1,640	12조 3,259	13조 6,088

또한, 2022년의 전력운영비에서 차지하는 비중은 20.7%로서, 현행 제도하에서의 10.3%, 모델 1의 12.7%보다 월등하게 높은 수준임을 알 수 있다. 그러나 〈표 43〉은 시간이 지남에 따라 인력운영비의 비중이 점차 감소함을 보여준다. 그러나 징집병 3만 3,000명을 대체하는 지원병 8만 5,000명과 추가 모집 부사관 5만 3,000명을 유지하기 위한 인력운영비가 차지하는 비중은 매우 높은 수준을 지속할 것이다.

〈표 43〉 모델 2의 전력운영비 대비 지원병·추가부사관 인력운영비 비율

(단위: 억 원)

구 분	2022년	2025년	2030년	2035년	2040년	2045년	2050년
[1]예상 국방비	57조 7,869	63조 1,453	73조 2,027	84조 8,620	98조 3,783	114조 474	132조 2,122
[2]예상 전력운영비	37조 2,869	41조 444	47조 5,818	55조 1,603	63조 9,459	74조 1,308	85조 9,380
지원병·추가 간부 인력운영비 소요 (전력운영비 대비 %)	7조 7,342 (20.7)	8조 2,076 (20.0)	9조 619 (19.0)	10조 50 (18.1)	11조 464 (17.3)	12조 1,960 (16.5)	13조 4,654 (15.7)

[1] 예상 국방비: 연간 예상 증가율 3%를 적용하여 산출

[2] 예상 전력운영비: 국방비의 65%를 적용하여 산출

한편 현행의 징집병 전원을 지원병과 간부로 대체함으로써 증가하는 인력운영비 부담이 어느 정도인지를 판단하기 위해서는 전체 국방비에서 차지하는 전체 병력운영비 소요를 비교하면 된다. 〈표 45〉에서

보듯이 2018년 실제 국방비 지출을 보면 전체 인력운영비는 총 18조 4천억 원으로서, 전체 국방비의 42.6%를 차지하였다. 2022년에 현재의 징집병 30만 3,000명 전원을 지원병 8만 5,000명과 부사관 5만 8,000명으로 대체할 것으로 가정할 때, 전체 병력운영비 소요는 총 26조 2,612억 원으로, 이는 2022년 국방부의 병력운영비 목표치보다 약 2조 원 가량 큰 금액이다. 이 규모는 2022년 예상 국방비 57조 8,000억 원의 45.4%로서 2018년 국방비 대비 실제 병력운영비 비율 42.6%보다 다소 높으나, 2030년 이후부터는 42% 이하로서 2018년의 실제 병력운영비 비율보다 낮아질 것으로 보인다. 따라서 비용적 측면에서 볼 때, 징집병을 지원병과 간부로 대체하는 모델 2를 적용하는 데 따르는 재정적 부담은 2030년 이후부터는 해소될 것으로 보인다.

〈표 44〉 모델 2의 신분별 인력운영비 소요

(단위: 조 원)

구 분	2022년	2025년	2030년	2035년	2040년	2045년	2050년
계	26.8	27.9	30.8	34	37.5	41.4	45.7
현역 유지비	20.8	22	24.3	26.8	29.7	32.8	36.2
추가 군무원 운영비(2.3만 명)	1.8	1.9	2.1	2.4	2.6	2.9	3.2
기존 공·군무원 운영비	3.7	4	4.4	4.9	5.3	5.8	6.5

* 2022년은 기존의 간부 19.7만 명, 추가 간부 소요 5.8만 명, 지원병 8.5만 명, 그리고 '국방개혁 2.0' 계획에 의해 2022년에 추가로 증원되는 군무원 2.3만 명을 포함하여 모든 병력 및 공·군무원·근무원을 운영하는데 소요되는 예상 비용을 산출한 결과임.

* 2.3만 명의 군무원 인력운영비는 2016년 6급 군무원 연간 유지비 7,370만 원을 기준으로 매년 2% 물가상승률을 적용하여 산출함. (참조 : 2018 국방예산. p. 69)

* 2025년부터는 2022년을 기준으로 매년 2%의 물가 상승률을 적용하여 산출한 결과임.

〈표 45〉 장기적 측면에서의 모델 2의 총 병력운영비 소요

(단위: 억 원)

구분	2022년	2025년	2030년	2035년	2040년	2045년	2050년
예상 국방비	57조 7,869	63조 1,453	73조 2,027	84조 8,620	98조 3,783	114조 474	132조 2,122
전체 병력운영비 소요 (국방비 대비 %)	26조 2,612 (45.4)	27조 8,686 (44.1)	30조 7,692 (42.0)	33조 9,717 (40.0)	37조 5075 (38.1)	41조 4,113 (36.3)	45조 7,214 (34.6)

다만 이러한 판단은 국방비가 매년 3%씩 꾸준히 증액되리라는 것과 연간 병력운영비 증가율이 예상 물가상승률 2% 수준을 유지할 것이라는 가정을 전제로 한 것이다. 경제 사정이 본 고의 전망보다 악화하여 국방비의 증가율이 3% 이하로 감소하여 국방비 총액이 예상보다 축소된다거나, 물가 상승률이 2%를 넘어 병력운영비 소요가 증가하게 되면 모델 2의 재정적 부담은 〈표 45〉에서 제시된 것보다 훨씬 더 커질 것이다. 또한, 모병 지원율이 저조하여 지원병과 간부들에 대한 급여 수준을 현재 수준보다 대폭 상향시켜야 하는 상황이라면 표에서 제시된 것보다 재정적 부담이 더 커질 것이다. 그러나 현재의 국방비 규모와 장기적 국방비 추이로 볼 때, 2035년 이후부터는 인력운영비를 최소 8~10% 정도 증액시켜도 재정 능력상 충분히 감당할 수 있을 것으로 보인다. 만일 〈표 45〉에 제시된 2035년의 병력운영비 소요를 8% 증액하더라도 국방비에 차지하는 비율은 2018년 수준과 비슷한 42% 이내가 되기 때문에 국방비 부담은 충분히 감당할 수준일 것으로 판단된다.

3. 모델 3: 완전 직업군인제

모델 3 완전 직업군인제는 최초 모집된 지원병들을 개인 희망에 따라 정년에 이르기까지 장기간 복무할 수 있도록 하여 상비군 전원이 전문 직업군인으로 충원될 수 있도록 하는 모델이다. 이는 군인들과 유사하게 긴급성, 위험성, 육체적·정신적 강인성, 책임감 등이 요구되는 유사 직종인 경찰이나 소방 공무원과 같은 인사관리 체계와 유사하다.[125] 완전 직업군인제는 구성원들이 장기간 근무하며 전문성을 높이고 직업적 안정성을 보장할 수 있다는 장점이 있으며, 앞으로 군사 과학기술의 발달로 인해 고령화에 따른 신체적 한계가 줄어들 것이라는 점에서 장기적 차원에서 검토해 볼 가치가 있다.

- **기본 전제**
  - ① 국민 개병제로서 병역 대상 인구 중 현역 미입대자는 기초 군사훈련 이수 후 예비역 편입
  - ② '국방개혁 2.0'에 제시된 2022년의 병력 지수 유지
  - ③ 군 입대자 전원은 장기 복무 가능
- **가정**

  전문 직업군인:지원병:징집병 간 등가 인원비 = 1:2:3
- **단기 지원병제**

  장교 6만 명 + 부사관 23.8만 명

가. 인구 구조적 측면

'국방개혁 2.0'에 제시된 2022년의 징집병 30만 3,000명의 병력 지수 손실 없이 이를 대체하기 위해서는 전문 직업군인 10만 1,000명의 충

125) 경찰과 소방 공무원의 평균 근속기간은 15년 이상으로, 채용된 직원들은 대부분 60세까지 법적으로 정년이 보장되어 있다.

원이 필요하다. 따라서 전체 병력 규모는 기존의 장교 및 부사관 19만 7,000명과 이들을 합해 총 29만 8,000명(약 30만 명)이 된다. 만일 한국군의 병력이 29만 8,000명이 되면 장교의 수는 전체 병력의 20%인 6만 명 정도가 적당할 것이므로 현재의 장교 7만 명 중에서 1만 명을 부사관으로 대체한다면 추가 모집해야 하는 부사관 수는 11만 1,000명이 될 것이며, 전체 부사관 규모는 이들을 포함하여 총 22만 8,000명이 될 것이다. 〈표 46〉은 모델 3의 병력구조를 나타낸다.

〈표 46〉 모델 3의 신분별 병력구조

구분	계	기 존		간부(부사관) 소요
		장교	부사관	
인원수 (만 명)	29.8	6 (−1)	12.7	11.1 (+1)
비율 (%)	100	20.1	79.9	

징집병 30만 3,000명을 대체하기 위한 인력을 포함한 군 전체 직업군인 약 30만 명을 유지하기 위해 매년 충원해야 하는 장교와 부사관 수는 평균 복무 기간을 20년으로 가정할 경우 〈표 47〉과 같이 장교는 대략 3,000명, 부사관은 1만 1,900명으로 합계 약 1만 5,000명 규모이다. 이는, 2035년 이후의 병역 대상 인구가 약 13만~17만 명임을 고려할 때, 전체 병역 대상 인구의 약 10% 내외로서 미래 한국 사회의 인구 구조적 측면에서 모집 가능한 규모이다. 더구나 군내 여성 인력의 비율을 10% 이상으로 확대할 경우 병역 대상 인구 대비 모집 인원 비율은 약 9%로 낮아지게 된다.

〈표 47〉 모델 3의 연간 장교 및 부사관 모집 소요

구분	계	장교	부사관
모집 소요 (명)	1만 4,900	3,000	1만 1,900

이 모델은 전적으로 완전한 직업군인제이기 때문에 현재의 장교 및 부사관 모집 방식과 인사관리 제도가 전면 개정되어야 한다. 따라서 장교와 부사관의 획득 방법과 정년 및 의무 복무 기간도 현재와 전혀 다른 모습일 것이다. 또한 징집병을 대체하기 위해 모집하는 부사관 11만 1,000명은 기존의 12만 7,000명과 통합하여 단일 인사관리 체계에 의해서 관리되어야 한다. 모델 3의 신분별 병력구조에는 병 계급이 포함되어 있지 않은데, 만일 병 계급이 필요하다면 1, 2년차 부사관을 병 신분으로 복무토록 하되, 이들의 정년은 법적으로 보호를 받으며 특별한 사유가 있지 않은 한 개인 희망에 따라 부사관으로 신분을 전환하여 정년까지 복무할 수 있도록 해야 한다.

나. 경제적 측면

한편 모델 3의 비용 분석 결과는 다음과 같다. 장교 운영비용은 약 20년을 근무한 중령 또는 소령의 2018년 평균 연간 운영비 약 9,720만 원을 기준으로 환산하였으며, 부사관 운영비용은 20년 근무한 상사 및 원사의 2018년 평균 연간 운영비 7,100만 원을 기준으로 환산하였다.[126)]그 결과 2018년 현재 가치로 볼 때 장교 6만 명과 부사관 23만 8,000명을 유지하기 위한 총 비용은 〈표 48〉에서 제시된 바와 같이 22

126) 연간 유지비에는 국고부담 법정부담금을 포함하여 계산한 수치임. 국방부 기획예산관실,『2018년 국방예산』(2018), p. 68.

조 7,300억 원이다. 이 금액을 2022년 이후 시점의 운영비로 환산하여 2050년까지의 병력운영비를 계산하면 〈표 49〉와 같다. 전체 병력운영비 소요 산출 시 29만 8,000명의 장병 운영비뿐 아니고 국방부 공무원 및 육·해·공군 군무원 유지비, 그리고 '국방개혁 2.0' 추진계획에 의해 2022년까지 추가로 증원될 예정인 총 2.3만 명의 군무원 운영비까지 모두 고려되었다.

〈표 48〉 모델 3의 장교·부사관 연간 인력운영비 소요 (2018년 기준)

구분	계	장교	부사관
1인당 운영비 (만원)	-	9,720	7,100
전체 인력운영비 (억원)	22조 7,300	5조 8,320	16조 8,980

〈표 49〉 모델 3의 신분별 인력운영비 소요

(단위: 조 원)

구분	2022년	2025년	2030년	2035년	2040년	2045년	2050년
계	30.1	32	35.3	39.1	43	47.5	52.5
현역 유지비	24.6	26.1	28.8	31.8	35.1	38.8	42.8
추가 군무원 운영비(2.3만 명)	1.8	1.9	2.1	2.4	2.6	2.9	3.2
기존 공·군무원 운영비	3.7	4	4.4	4.9	5.3	5.8	6.5

연간 전체 국방비에서 전체 병력운영비가 차지하는 비중을 년도 별로 비교하면 〈표 50〉과 같다. 표에서 보는 바와 같이 모델 3의 전원 직업군인제로 전환할 경우의 병력운영비는 타 모델에 비해 매우 높은 것으로 나타난다. 2018년 현재 국방비에서 차지하는 실제 병력운영비의 비율이 42.6%로서, 국방비 대비 병력운영비 비율을 통상 40% 안팎으로 유지해 오던 것이 지금까지의 국방비 편성 추세였다. 이에 비해 모

델 3의 병력운영비 소요는 2022년을 기준으로 전체 국방비의 50%를 초과하는 약 30조 원 규모이다. 이는 국방 재정 능력상 현실적으로 조만간 적용하기는 쉽지 않아 보인다. 그러나 표에서 보는 바와 같이 시간이 경과하면서 병력운영비의 비중이 줄어듦에 따라 2045년 이후에는 병력운영비가 차지하는 비중은 2018년의 수준 이하로 감소할 전망이다. 따라서 장기적인 측면에서 볼 때 전원 직업군인제 도입에 따르는 병력운영비 부담은 2045년 이후부터는 재정적으로 충분히 감당할 수 있는 수준일 것으로 분석된다.

〈표 50〉 모델 3의 국방비 대비 병력운영비 비율

(단위: 억 원)

구분	2022년	2025년	2030년	2035년	2040년	2045년	2050년
예상 국방비	57조 7,869	63조 1,453	73조 2,027	84조 8,620	98조 3,783	114조 474	132조 2,122
전체 병력운영비 소요 (국방비 대비 %)	30조 1,037 (52.1)	32조 96 (50.7)	35조 3,271 (48.3)	39조 1,275 (46.1)	43조 401 (43.7)	47조 4,975 (41.6)	52조 5,356 (39.7)

제5장
대안의 비교와 적용 시나리오

제6장에서는 앞장에서 제시한 각 모델을 현재의 한국군과 육군에 어떻게 적용할 수 있는지를 모델별로 비교하고 정책적 제언을 하고자 한다. 이를 위해서 향후 한국 사회의 장기적인 인구변동 추이 및 국방비 추이 등을 기준으로 각 모델의 장·단점을 분석하고 각 모델의 적절한 적용 시기를 판단한다. 또한, 이 모델들을 적용하는데 필요한 인사관리 방안과 병력 구조 혁신에 수반되어야 하는 정책적 고려 요소들을 제시하고자 한다.

1. 모델의 비교

가. 인구 구조적 비교

〈표 51〉 모델별 병력 규모 및 연간 충원 소요 비교

(단위: 만 명)

구 분		국방개혁 2.0	모델 1	모델 2	모델 3
전체 병력 구조	계	50	47.5	34	29.8
	장교	7	7	7	6 (−1)
	부사관	12.7	12.7	18.5(+5.8)	23.8 (+10.1)
	지원병	–	5.3	8.5	–
	징집병	30.3	22.5	–	–
연간 충원 소요	계	21.6~21.8	16.4~16.6	4.3~4.6	1.5
	장교	0.7~0.8	0.7~0.8	0.5~0.6	0.3
	부사관	0.7~0.8	0.7~0.8	1.0~1.2 (+0.3)	1.2
	지원병	–	(2.7~2.8)	2.8	–
	징집병	20.2	15	–	–

* ( )는 이미 입대한 군내 자원 중에서 모집하는 인원수이기 때문에 민간 병역 대상 인구 중에서 모집하는 인원수에는 포함시키지 않음.

제4장에서 살펴보았듯이 현재 '국방개혁 2.0'에 제시된 18개월 복무 기간(육군 기준)의 징집병 30만 3,000명을 유지하기 위해서는 매년 20만 명 이상의 현역병을 징집해야 하는데 이는 향후 한국 사회의 인구 변동 추이를 고려할 때 2025년 이후에는 한계점을 맞이하게 된다. 2025년부터는 병역 소요에 비해 병역 가용자원이 부족해지기 때문이다. 〈표 51〉은 모델별 연간 모집 인원 수요를 비교하였다.

모델 1은 매년 약 15만 명을 징집하고, 이들 중에서 매년 약 27,000~28,000명의 부사관을 모집해야 한다. 매년 15만 명 현역병 징집은 2035년 이후 병역 대상 인구가 연간 13~17만 명임을 고려할 때 단순히 인구 구조적 측면에서 가능할 것으로 판단된다. 다만 20세 남자 인구가 가장 적은 2041년(13만 1,000명)을 전후한 시기에는 징집 대상자들의 징집 시기를 조정할 필요가 있을 것이다. 한편 현역병 중에서 매년 27,000~28,000명의 유급 지원병을 모집할 수 있을지가 모델의 적용 가능성을 판단하는 핵심적 요소가 될 수 있는데, 이는 인구학적 문제라기보다는 정책적 문제이다. 제대 예정인 현역병 15만 명 중 약 3만 명은 20세 남자 인구 전체의 20%에 해당하는 규모로서, 이들이 18개월의 의무 복무를 마치고 계속에서 자발적으로 2년간 연장하여 유급 복무를 하도록 하기 위한 대책이 필요할 것이다.

모델 2의 한국군 전체 규모는 34만 명으로 2035년 이후의 인구 대비 약 0.7%이다. 이 병력 비율은 다른 모병제 국가와 비교하여 매우 높은 수준이다. 병력 10만 명 이상을 유지하는 모병제 국가의 인구 대비 평균 병력 비율은 약 0.4% 수준이며, 전체 모병제 국가들의 평균은 이보다 더 낮은 0.243%이다. 모델 2의 만 20세 남자 입대율은 25.4%이며, 만일 군내 여성의 비율을 10%로 가정하면 남자의 입대율은 23%, 여자는 2.1%이다. 미국의 입대율은 20세 남자 인구의 5.4%, 20세 여자 인구의 1.2%이며, 일본·영국, 프랑스는 남자 2.1~2.8%, 여자 0.2~0.5%[127)]임을 고려한다면 모델 2의 입대율은 다른 모병제 국가들보다 매우 높은 수준임을 알 수 있다. 그렇지만 인구 구조적 측면에서 본다면, 연간 장교, 부사관, 지원병 전체 충원 소요 43,000~46,000명은 2035년~2050년 한국 사회의 20세 남자 인구 평균 약 17만 5,000명의 약 1/4 규모로서 산술적으로는 모집이 가능한 규모이다. 다만 젊은이들의 군에 대한 선호도가 큰 변수로 작용하게 될 것이다. 모병제를 채택하고 있는 많은 선진국의 경우 모집병의 규모가 그리 크지도 않음에도 불구하고 매년 지원자 부족에 어려움을 겪고 있는 점을 볼 때, 상대적으로 군에 대한 선호도가 낮은 것으로 평가되는 우리 군은 이보다 더 심각한 상황을 맞이할 가능성이 있을 것으로 보인다.

모델 3의 한국군 규모는 29만 8,000명이며 인구 대비 약 0.6%로서, 이 역시 모병제를 시행하는 다른 나라에 비해 매우 높은 수준이다. 또한, 직업군인 약 30만 명은 교직 종사자 36만 명보다는 작은 규모이지만, 여타의 일반직 국가공무원이나 경찰 등 특정직 공무원보다는 매우 큰 규모로서 전체 국가공무원의 절반 가깝다.[128)] 따라서 이러한 규모를 충원하기 위해서는 군의 업무 환경과 문화를 개선하여 국민들의 군에 대한 직업적 선호도를 획기적으로 끌어올리기 위한 노력이 선행되어야 한다.

---

127) 조관호·이현지 "외국 사례 분석을 통한 미래 병력 운영 방향 제언" (2017), p. 7.

128) 국가공무원 직종별 현황 출처: 인사혁신처, 『2019 인사혁신통계연보』 (2019. 6.)

구분	계	정무직	일반직	특정직						별정직
				계	외무	경찰	소방	검사	교육	
현원(명)	669,077	126	167,639	500,891	1,928	129,734	610	2,121	366,498	421

한편, 모병제 국가들의 사례를 적용한다면 한국군의 병력 규모는 인구의 0.4%인 20만 명 정도가 적당할 것이라는 의견이 종종 제기되고 있는 것이 사실이다. 그러나 이러한 분석은 두 가지 측면에서 다시 검토될 필요가 있다.

첫째는 모병제 선진국의 통계 사례를 한국에 적용하는 것이 적절한가 하는 문제이다. 앞에서 사례로 든 선진국의 경우, 인구 대비 병력 비율 및 입대율과 병력 규모의 관계는 원인-결과의 관계가 아니라 결과-원인의 관계이다. 즉 미국, 유럽 등의 국가들의 경우, 자국의 안보 수요에 적합한 병력 규모를 선택한 결과로 인해 인구 대비 병력 비율과 입대율 등이 결정된 것이지, 적정 병력 비율과 입대율을 고려하여 병력 규모를 결정한 것이 아니다. 만일 유럽 국가들이 어떤 필요에 따라 자국군의 병력을 증가하게 되면 인구 대비 병력 비율이나 입대율이 자동적으로 증가하게 될 것이다. 그렇기 때문에 미국의 병력 비율 및 입대율이 유럽 국가들의 경우와 크게 다르게 나타나는 것이다. 따라서 선진국들의 입대율 등을 근거로 한국의 병력 충원 가능성과 적정 모병제 병력 규모를 판단한다면 이러한 인구 대비 병력 비율 및 입대율과 병력 규모 간의 인과 관계를 도치시켜 한국군에 적용하는 모순이 발생하게 될 것이다.

둘째는 현재 시점의 유럽의 인구 대비 병력 비율이나 입대율을 미래 시점의 한국에 적용하는 것이 적절한가 하는 점이다. 모병제 국가의 인구 대비 병력 비율이나 입대율을 한국에 적용하는 데에는 이들의 과거 또는 현재 사례가 미래의 한국에도 똑같이 적용될 수 있을 것이라는 믿음이 전제되어 있다. 젊은이들의 군 지원율 변화는 국가의 사회적, 경제적 상황과 밀접하게 관련되어 있다. 경제 상황이 악화되어 민간 취업률이 떨어지면 군 지원율은 상승한다. 사회적, 경제적 상황은 나라별, 시대별로 매우 다르기 때문에 현재의 유럽적 상황을 미래의 한국적 상황에 대입하기 곤란한 점이 있다. 특히 미래의 한국 사회는 AI 및 무인 자율차량 확산, 제조업의 무인 자동화와 해외 이전 확대 등으로 실업률이 증가하는 등 한국의 산업 구조와 노동 구조에 일대 변화가 있을 것으로 예상된다. 이러한 상황에서 군 입대는 새로운 일거리 창출의 창구가 될 수 있으며, 인구 대비 소요 병력 비율이나 소요 입대율이 앞에서 제시된 선진국 사례보다 훨씬 높아져도 모병에는 큰 어려움이 없을 것으로 보인다.

나. 경제적 비교

본 고에서 제시된 모델들에 대한 경제적 비교를 위해서는 모델별 병력 운영에 소요되는 비용이 얼마인지를 판단하고 이것이 한국의 재정 능력상 감당할 수 있는 수준인지를 비교해야 한다. 2022년 시점의 가치를 기준으로 '국방개혁 2.0'에 제시된 병력구조와 네 가지 유형의 모델에 제시된 병력구조에 따른 병력운영비를 동일한 연도를 기준으로 비교한 결과는 〈표 53〉과 같다. 이 표에 따르면 징집병 30만 3,000명을 유지하는 '국방개혁 2.0' 안의 2022년 병력운영비 소요가 22조 3,639억 원, 국방비 대비 병력운영비 비율이 38.7%인데 비하여, 징·모 혼합제 모델 1은 23조 3,940억 원(국방비 대비 40.5%), 단기 모병제 모델 2는 26조 2,612억 원(국방비 대비 45.4%), 완전 직업군인제 모델 3의 인력운영비 소요는 30조 1,037억 원(국방비 대비 52.1%)으로서 '국방개혁 2.0' 모델의 약 1.1~1.5배나 된다. 이 표를 보면 모델에 따라 징집병의 규모가 줄어들고 지원병 규모가 증가할수록 병력운영비 소요가 점점 커짐을 알 수 있다. 이 표를 보면 모델에 따라 징집병의 규모가 줄어들고 지원병 규모가 증가할수록 병력 유지비 소요가 점점 커짐을 알 수 있다. 따라서 경제적 측면에서 볼 때 모델 → 모델 2 → 모델 3 순으로 유리하다. 특히 완전 직업군인제인 모델 3의 경우는 국방개혁 2.0 모델보다 2022년 기준 약 50%나 인력운영 비용이 증가한다.

〈표 52〉 모델별 예상 병력운영비 소요 비교 (2022년 기준)

(단위: 억 원)

구분	국방개혁 2.0	모델 1	모델 2	모델 3
국방비	57조 7,869			
병력운영비 소요	22조 3,639	23조 3,940	26조 2,612	30조 1,037
국방비 대비 (%)	38.7	40.5	45.4	52.1

〈표 53〉 모델 간 연도별 병력운영비 소요 비교

(단위: 조 원)

구분	국방비 총액	국방개혁 2.0	모델 1	모델 2	모델 3
2022년	57.8	22.4	23.4	26.3	30.1
2025년	63.1	23.7	24.8	27.8	32
2030년	73.2	27.4	26	30.8	35.3
2035년	84.9	30.3	28.8	34	39.1
2040년	99.4	33.4	31.7	37.5	43
2045년	114.5	36.9	35.1	41.4	47.5
2050년	132.2	40.7	38.7	45.7	52.5

각 모델별 병력운영비 소요 금액이 전체 국방비에서 차지하는 비율을 비교하면 각 모델을 시행하는 데 따르는 재정적 부담의 정도를 판단할 수 있다. 최근 국방비 대비 병력운영비 비율은 대략 40% 안팎을 유지하였다. 특히 현역병들의 급여 수준을 대폭 향상시켰던 2016

년부터는 인력운영비 비율이 42% 대로 높아졌으며, 2018년에는 최대 42.6%까지 증가한 바 있다.[129] 모델별로 소요되는 병력운영비를 국방비 대비 비율로 환산한 결과는 아래의 〈표 54〉와 같다.

〈표 54〉 연도별 국방비 대비 병력운영비 비율에 대한 모델 간 비교

(단위: %)

구분	국방개혁 2.0	모델 1	모델 2	모델 3
2022년	38.7	**40.5**	45.4	52.1
2025년	37.6	39.3	44.1	50.7
2030년	35.8	37.4	**42**	48.3
2035년	34.1	35.7	40	46.1
2040년	31.9	34	38.1	43.7
2045년	30.9	32.3	36.3	**41.6**
2050년	29.4	30.8	34.6	39.7

이 표에 따르면 징집·모병 혼합제 모델 1의 인력운영비 소요는 연도와 관계없이 모두 40% 이하로서 최근 몇 년 동안의 인력운영비보다도 작은 수치이다. 그러나 모병제를 근간으로 하는 모델 2와 모델 3의 병력운영비 소요 비율은 현재의 병력운영비 비율보다 매우 높아 징병·모병 혼합제인 모델 1보다 경제적으로 불리하다. 특히 완전 직업군인제를 택하는 모델 3은 더욱 그러하다. 하지만 〈표 54〉에서 보는 바와 같이 시간이 지남에 따라 국방비 대비 병력운영비 소요 비율이 점차

129) 2011년~2019년 국방비 대비 병력운영비 비율 (단위: 억원)

구분	2011	2012	2013	2014	2015	2016	2017	2018	2019
국방비	31조 4,031	32조 9,576	34조 4,970	35조 7,056	37조 4,560	38조 7,995	40조 3,347	43조 1,581	46조 6,971
인력운영비	12조 1,886	13조 4,923	14조 2,718	14조 8,409	15조 5,962	16조 4,067	17조 1,464	18조 4,009	18조 7,759
비율 (%)	38.8	40.9	41.4	41.6	41.6	42.3	42.5	42.6	40.2

감소하여 모델 2는 2030년부터 42% 이하로 떨어져 최근 몇 년간의 병력운영비 비율보다도 낮은 수준을 유지하게 된다. 따라서 한국의 국방비 규모로 볼 때 2030년 이후부터는 모델 2 형태의 모병제를 적용하는데 경제적으로 큰 어려움은 없을 것으로 보인다. 한편 모델 3의 경우 2022년 시점에서 보면 병력운영비 소요 비율이 52.1%로서 경제적 측면에서 볼 때 가까운 미래에 적용하기는 현실적으로 어려울 것으로 보인다. 그러나 앞으로 약 25년 후인 2045년이 되면 병력운영비 소요 비율이 42% 이하로 감소함에 따라 이 시점부터는 모델 3 형태의 완전한 직업군인제를 시행할 수 있을 것으로 전망된다.

다. 모델 간 장·단점 비교

현재 시점을 기준으로 모델들의 장·단점을 비교한 결과는 〈표 55〉와 같다.

〈표 55〉 모델 간 장·단점 비교 (○: 유리, △: 보통, ×: 불리)

구분	모델 1	모델 2	모델 3
병력 획득 용이성	○	×	△
경제·재정적 부담	○	△	×
정치적 판단	△	○	×
사회적 통합	○	△	×
예비군 확보	○	△	×
직업적 선호	×	△	○
첨단 과학기술 적용	×	△	○
전문성	×	△	○

앞에서 살펴본 바와 같이 **인구학적 측면**에서는 모델 1 → 모델 3 → 모델 2 순으로 병력 획득에 유리하며, **경제적 측면**에서는 모델 1 → 모델 2 → 모델 3 순으로 유리하다. 그러나 지금까지의 역사적 사례로 볼 때 병역제도가 반드시 인구학적 또는 경제적 논리만으로 결정되지는 않았다. 앞에서도 언급하였지만, 병력 규모나 복무 기간 변경 등이 기능적 필요성보다는 정치적 판단으로 결정되는 경우가 과거 사례에서 더 많았다. 이러한 점에서 볼 때 모델의 장·단점을 평가하는 데 있어 **정치적 판단**은 매우 중요한 요소이다. 인구가 급감하는 2025년 이후부터는 더 이상 현역병 30만 3,000명을 유지하기 곤란해지는데, 이 문제를 해결하기 위해서는 지원병 규모의 확대가 필요할 것이다. 이때 지원병의 규모를 좀 더 확대하고 징집병의 의무 복무기간을 현재보다 더 줄이거나 아예 징병제를 폐지하고 전원 유급 지원병으로 충원하는 모병제로 전환하라는 정치권의 요구가 높아질 가능성이 있다. 모델 2는 이러한 상황에 대비하여 단기 모병제를 제시한 것으로, 가까운 미래에 정치적 차원에서 채택될 가능성이 있다. 반면 모델 3의 완전한 전문 직업군인제는 높은 비용 부담으로 인해 정치적 측면에서 가장 불리할 것이다.

사회적 통합은 징병제의 중요한 사회적 기능 중에 하나로 인식되고 있다. 인구학적, 경제적 측면 외에도 징병제는 신분, 지역, 학력, 재산 등의 차별적 요소들과 무관하게 모든 국민을 병역에 참여시킴으로써 국민 주권의 원칙을 구현할 수 있다는 장점이 있다. 또한, 징병제는 다양한 인종적, 사회적 배경을 가진 국민을 군대라는 일종의 '사회적 용광로'에서 하나로 녹여 국가 정체성과 충성심, 사회적 책임을 만들어 냄으로써 사회화의 중요한 기능을 수행한다는 장점이 있다. 따라서 사회 통합적 측면에서 보면 대부분의 남자를 징집하여 18개월 의무적으로 군 복무하도록 설계된 모델 1이 가장 유리하며 전문 직업군인들로만 구성되는 모델 3의 형태가 가장 불리하다.

유사시에 대비하기 위해서는 현역병으로 구성된 상비부대뿐 아니라 부대 증편 및 현역 보충에 필요한 **예비 자원의 확보**가 매우 중요하다. 이는 모든 나라가 전시 동원에 필요한 인적자원을 확보하는 차원에서 반드시 고려하고 있는 국가정책 중 하나이다. 이런 측면에서 볼 때, 4가지 모델 중에서 모든 남성에게 18개월 의무 복무토록 하고 예비역에 편입시킬 수 있는 모델 1이 가장 유리하다. 현역으로부터 예비역으로 신분 전환하는 인원수가 가장 작은 모델 3가 예비군 확보 차원에서는 가장 불리한 모델이다. 모병제의 단점이기도 한 이러한 문제를 해결하기 위해서는 대만, 스위스, 독일 등과 같이 현역으로 입대하지 않은 모든 남성을 대상으로 3~4개월 군사훈련을 시킨 후 예비역으로 전환하는 제도가 필요하다.

국민의 직업적 선호도의 측면에서 볼 때, 대부분의 병역 대상자나 이들의 부모들은 의무적으로 군에 입대해야 하는 징병제보다는 자신의 자유로운 선택에 따라 지원하는 모병제를 선호한다. 1990년 이후 출생한 신세대 청년들은 개인적 관심에 강한 집착과 열정을 갖는 자기중심주의이며, 자기만족을 중시하는 현실주의 성향을 띤다. 또한, 권위주의를 배격하고 합리성과 형평성을 중시하는 사고방식을 가지고 있다. 이러한 청소년들의 행동 양식은 집단적인 행동보다는 개별 행동, 타인에 의해 부여되는 것보다는 자기 스스로 선택하는 것을 선호하는 경향이 있다. 특히 독자를 둔 부모들의 비중이 늘어가면서 징병제보다는 모병제를 선호하는 사회적 분위기가 더욱 강해지고 있다. 모병제 중에서는 모델 2보다 직업적 안정성이 보장되는 모델 3을 더 선호할 것으로 보인다.

미래에는 고도로 발달한 새로운 **첨단 과학기술**들이 대거 군에 도입됨에 따라 이를 능숙하게 다룰 수 있는 분야별 전문가의 확보가 중요해질 것이다. 앞으로의 전쟁은 기존의 재래전과 사이버전, 전자전, 무인전 등이 결합한 형태로 진행될 것이다. 정보 통신, 우주, 나노, 로봇, 사이버 등의 첨단 과학기술로 무장한 병력과 각종 무기체계에 의해 전쟁이 더욱 정밀화, 장거리화, 무인화, 정보화되어 갈 것이다. 다양한 작전요소들은 상호 연결되어 실시간 정보 공유가 더욱 확실해지고 전장 상황이 보다 명확하게 가시화됨으로써 초정밀 타격을 통해 적의 핵심요소를 마비시키는 등 효과 위주의 작전을 수행하게 될 것이다. 이러한 작전들을 능숙하게 수행하기 위해서는 집중적인 훈련을 통해 전문성을 익히고 숙련된 전문인력의 확보가 중요한데 이를 위해서는 직업 군인제 모델인 모델 3가 가장 유리할 것이며, 숙련되지 않은 단기 징집병의 비율이 가장 높은 모델 1이 가장 불리할 것이다.

직업적 전문성 측면에서 볼 때, 현재의 징집병제에 의한 군 조직은 아마추어들로 구성되어 직무 효율성이 가장 낮은 조직 중의 하나이다. 조직원들의 약 70%가 2년 미만의 비숙련자들로 구성된 조직은 군대 외에 어디에도 없다. 더구나 국가에 의해 강제로 군에 입대한 징집병들에게 자발적인 동기 유발을 기대하기는 쉽지 않다. 이는 징집병으로 구성된 부대와 모집병으로 구성된 부대 간 구성원의 직무 몰입과 조직의 성과에 대한 비교 조사를 통해서도 알 수 있다. 따라서 자발적인 동기 부여와 직무의 결과에 대한 책임 부여를 통해 조직 성과를 극대화하고 직무의 질을 향상시키기 위해서는 구성원들의 직업의식을 고취할 필요가 있다. 이런 측면에서 볼 때 모델 3가 가장 유리하며 모델 1이 가장 불리하다.

2. 모델의 적용

앞에서도 여러 차례 언급하였지만, 본 연구에 제시된 모델들은 미래 한국의 안보 위협이 현재와 같을 것이라고 전제하에, '국방개혁 2.0'에 제시된 2022년 한국군 병력구조를 기준점으로 하고 있다. 즉, 세 가지 모델 모두 2022년 한국군 50만 명과 같은 능력을 발휘하는 병력구조로 설계되어 있으며, 단지 모델들 간의 외형적 차이는 징집병을 대체할 수 있는 지원병과 직업군인의 규모나 구성 비율에 있다. 따라서 지원병 모집의 용이성과 재정적 부담이 각 모델의 적용에 영향을 미치는 핵심 요인이 될 것이다. 지원병 모집 용이성과 재정적 부담은 상호 반비례 관계에 놓여있다. 지원병 모집이 쉬울수록 재정 부담은 줄어들 것이며, 지원병 모집이 어려울수록 보수 및 복지 향상 등 유인 정책 시행에 따른 재정적 부담이 가중될 것이기 때문이다.

본 연구에 제시된 모델들은 미래의 특정 상황에서 그대로 적용하기보다는, 가까운 미래에 닥칠 인구절벽과 이에 따른 병역 가능 자원의 부족 문제를 타개하기 위한 병력 충원의 용이성과 재정적 부담 등을 고려하여 어떠한 유형의 병력 충원 방식을 선택할 것인가에 대한 시사점을 주는데 더 큰 의미가 있다. 그런 의미에서 본 연구에서 제시된 모델들은 기존의 징병제를 대체할 수 있는 여러 형태의 징·모 혼합제, 단기 모병제, 완전 직업군인제에 기준을 제공하는 틀이라고 할 수 있다.

제4장에 제시된 바와 같이, 현재의 병역제도는 한국 사회의 장래 인

구 추계로 볼 때, 2022년부터는 병역 가능 인구가 급격히 줄어들어 기존의 대체 및 전환복무자의 규모를 점진적으로 축소해야 하는 상황이 될 것이며, 결국 2035년에는 이를 완전히 폐지하지 않으면 안 되는 상황에 직면할 것이다. 2035년부터는 병역 가능 인구(만 20세 남자 전체 인구의 90%)가 연간 현역병 소요보다 부족해지기 시작하여 2041년에는 병역 가능 인구가 13.1만 명으로 가장 극심한 병역 자원 부족 현상을 겪게 될 것이다. 이후 병역 가능 인구가 약간 증가하면서 이러한 현상이 다소 완화될 것이나, 근본적인 자원 부족 문제는 해소되지 않는다. 따라서 안보 위협이 완화되지 않는 한, 시기적인 문제이기는 하나 현재의 징병제에 의한 병력 충원방식은 본 연구가 제시한 세 가지 모델 중 어느 하나를 따르지 않으면 안 될 것이다.

만일 현행의 징병제를 가능한 한 장기간 지속하고자 한다면, 2022년부터 대체 및 전환 복무 정책을 점진적으로 폐지하면서 2034년까지는 기존의 징병제를 유지할 수 있을 것이다. 그러나 2035년부터는 병역 가능 자원 부족에 따라 더 이상 연간 20.2만 명의 현역병을 충원하기 어려워진다. 이로 인해 발생하는 현역병 부족분을 유급 지원병으로 보충하는 징병·모병 혼합제를 시행해야 할 것이다. 징·모 혼합제는 병력 충원 가능성 면에서나 재정적 부담 측면에서 볼 때 2022년 이후에는 언제라도 시행하는데 큰 어려움은 없기 때문에 정책적 결정에 따라 조기에 시행할 수도 있을 것이다.

만일 군사적 필요성과 국민적 합의가 있다면 징병제를 폐지하고 단기 모병제를 채택하는 방안도 고려할 수 있다. 다만 이는 모병에 따른 재정적 부담이 비교적 크기 때문에 재정적 부담이 현재 수준과 비슷해지는 2030년 이후에 추진하는 것이 바람직할 것이다. 또한, 연간 모집해야 하는 규모가 20세 남자 인구의 25%나 되어 모집에 어려움이 있을 것으로 보이는 바, 국민들의 지원병 모집에 대한 선호도와 모병 가능성 등을 고려하여 채택 시기를 판단해야 할 것이다. 만일 지원율 저조로 인해 단기 모병제의 시행이 곤란하다면 완전 직업군인제를 고려할 수도 있을 것이다. 미래에는 전장 양상의 변화와 군사 과학기술의 발전에 따라 단기 자원보다는 숙련된 직업군인들이 필요해질 것이기 때문이다. 그러나 완전 직업군인제는 직업군인들의 보수로 인해 징병제보다 인력운영비 소요가 50% 이상 크기 때문에 가까운 장래에 시행하기는 어려울 것이며, 국방비 대비 인력운영비율이 현재의 수준으로 낮아지는 2040년 이후에나 시행이 가능할 것으로 보인다.

〈그림 15〉 시나리오별 각 모델의 적용 시기

연 도	2022	2025	2030	2035	2040	2045	2050
시나리오 1	국방개혁 2.0 모델	→	→	모델 1	→	→	→
시나리오 2	국방개혁 2.0 모델	→	모델 1 →	모델 2	→	→	→
시나리오 3	국방개혁 2.0 모델	→	→	모델 1	→	모델 3	→

본 연구의 모델들을 어느 시점에 적용할 수 있을지를 시나리오별로 제시하면 〈그림 15〉와 같다. 그림에 제시된 해당 연도가 시나리오별 모델의 적용 시기를 반드시 의미하지는 않으며, 그 연도를 전후하여 점진적으로 시행되는 것을 의미한다.

'시나리오 1'은 가급적 현행의 징병제를 최대한 유지하다가 병역 자원이 부족하여 더는 징병제를 유지하기 곤란한 시점에 징병·모병 혼합제를 통해 부족한 부분을 유급 지원병으로 충원하는 시나리오이다. 이는 유급 지원병 규모의 확대에 따른 재정적 부담을 최소화하고 모병제 전환에 대한 사회적 논란과 군 내부의 인력관리 상의 혼란을 최대한 늦추는 효과가 있다. 2022년이 되면 '국방개혁 2.0'의 계획에 따라 한국군은 간부 19만 7,000명, 징집병 30만 3,000명의 병력구조를 가지게 될 것이다. 그러나 20세 남자 인구수가 급격히 줄어드는 2022년부터 이 병력구조는 현재의 대체복무와 전환복무제를 그대로 유지한 상태에서 필요한 만큼의 병력을 충원하기 어렵게 된다. 따라서 징병제를 계속 유지하기 위해서는 2022년부터 점진적으로 대체복무 및 전환복무 인력의 규모를 축소하지 않으면 안 된다. 그럼에도 불구하고, 2035년부터는 20세 남자 인구가 20만 명 이하로 떨어져 대체 및 전환복무제를 완전 폐지해도 현역병 소요를 충족하기 곤란해진다. 따라서 이 시점부터 본격적으로 징병·모병 혼합제 모델 1을 시행한다. 물론 2035년에 전면적으로 모델 1을 적용하기 위해서는 그 이전부터 유급 지원병의 비율을 점진적으로 늘려나가야 한다.

'시나리오 2'는 2022년부터 유급 지원병의 비율을 점진적으로 늘려 징병·모병 혼합제를 조기에 시행하다가 2035년을 전후하여 징병제를 완전 폐지하고 단기 모병제를 시행하는 것으로서, 미군이나 일본 자위대, 또는 최근에 모병제로 전환한 대만군과 같은 병력구조로 정착되는 경로이다. 징병·모병 혼합제의 조기 시행은 대체 및 전환 복무 제도를 존속할 수 있게 함으로써, 국가 차원에서 인력을 효율적 활용하여 거시 경제적 효과를 달성할 수 있다는 장점이 있다. 또한, 군으로서는 유급 지원병의 비율을 조기에 늘림으로써 전투력의 향상과 임무 수행의 질적인 향상을 기대할 수 있으며, 양성 교육 수요를 줄일 수 있다. 한편 모델 2는 전원이 지원병과 장기 부사관 및 장교로 구성되기 때문에 조직의 성과를 높이고 병력 집약적 군 구조에서 정예병 위주의 기술 집약적 군 구조로 전환하는데 필요한 모델이다. 이러한 모델의 적용은 병력운영비 소요를 증가시킴으로써 재정적 부담을 초래할 수 있다. 따라서 국방비 대비 병력운영비 비율이 현재의 수준인 42% 이하로 감소하는 시점인 2030년 이후에 적용하는 것이 적절하다. 모델 2는 연간 전체 모병 수요가 약 4만 5,000명으로 병력 대상 인구 대비 21%로서 매우 높기 때문에 병력 충원의 어려움이 예상된다. 따라서 이 문제를 해결하기 위해서는 국가적 차원의 다각적인 노력과 함께 기존의 간부 충원 제도를 개선하여 대량 획득·단기 활용의 인력운영 구조에서 소량 획득·장기 활용의 구조로 전환되어야 한다. 이것만 개선되어도 연간 획득수요를 대폭 줄일 수 있다.

'시나리오 3'은 현행 징병제를 최대한 늦게까지 시행하다가 징·모 혼합제로 전환하는 '시나리오 1'의 경로를 거친 후, 과학기술의 발전과 사회 환경의 요구에 따라 결국 완전 전문 직업군인제로 전환되는 상황을 가정하였다. 장기적 측면에서, 상대적으로 많은 인원이 조기에 전역함으로써 숙련 병력의 대량 손실이 발생하는 모델 2보다는 숙련 병력을 장기간 활용하는 모델 3이 향후 첨단 과학기술 중심의 기술 집약형 육군 운영에 훨씬 유리하다. 이는 조직 구성원의 직업적 안정성을 높여줌으로써 직무 만족도와 직무 성과를 극대화하는 부수적 효과도 낳는다. 이 모델은 전원 장기 직업군인들로 구성됨에 따라 병력운영비 소요가 매우 크다. 따라서 국방비 대비 병력운영비 비율이 42% 대로 감소하는 2045년 이후에나 적용할 수 있다.

제6장

병역인구 부족 해소를 위한 정책 혁신 방안

앞에서 본 연구가 제안한 모델이 효과적으로 작동되기 위해서는 다음의 네 가지가 전제되어야 한다. 첫째, 장병들의 전문성과 개인의 전투 역량을 강화하여 양적 부족 문제를 질적 향상으로 해결하는 것이다. 둘째, 민군 융합형 군 조직으로 혁신하여 우수한 민간의 인적자원을 군에서 활용하는 등 군이 필요로 하는 인재를 확보할 수 있어야 한다. 셋째는 그동안 군에서 수행해 오던 기능들을 민간에 위탁함으로써 민간과의 역할 분담을 통해 병력 부족 문제를 해소하는 것이다. 넷째는 모병제 시행의 가장 큰 문제인 지원율 저조로 인한 모집 인력 부족을 해소하는 것이다. 이러한 정책들이 종합적으로 강구될 때 비로소 인구절벽 시대에 적합한 병역제도로 정착될 수 있다. 이러한 관점에서 본 고는 몇 가지 혁신적인 정책 제언을 하고자 한다. 모집병 지원율 향상을 위한 대책은 국방부와 육군에서 다각적으로 검토하고 있으며, 많은 전문가의 연구 논문이 나오고 있으므로 본 연구에서는 따로 언급하지 않으며, 여기서는 다소 논란의 여지가 있는 혁신적 아이디어를 몇 가지 제시하고자 한다. 이것에 대해서는 여러 전문가의 다양한 의견과 좀 더 심층 깊은 연구가 필요한 분야이기도 하지만, 본 연구를 통해 이러한 문제에 대한 담론을 활성화하고자 하는 차원에서 제시한다.

1. 장교·부사관 정년 연장 및 단일화

현재의 징병제는 과거 1800년대 말 대규모 병력에 의한 대량 섬멸전을 수행하던 시기에 전투원들의 대량 획득을 위해 등장한 제도로서 오늘날 소규모로 분권화되고 신속·정밀성이 요구되며 첨단 무기체계에 의해 작전이 수행되는 전장 환경에서는 더이상 적합하지 않은 제도이다. 징집되어 단기간의 훈련을 통해 양성되고 단기간 복무하다 제대하는 병역제도는 지휘관의 직접적인 통제 하에 병사들이 집단적으로 단순한 기능만을 수행하는 경우에는 어느 정도 효율적일 수도 있겠으나 앞으로 첨단 과학기술이 지배하는 전장 환경에서는 더 이상을 기능을 발휘하기 어려울 것이다. 이러한 것은 장교와 부사관의 경우에도 마찬가지이다. 현재 육군의 장교와 부사관 인사관리 제도의 틀은 대량 획득 – 단기 활용 – 대량 손실의 고리에 묶여 있다. 현재의 인사 제도는 초급 장교와 부사관을 대량 획득하여 징병제의 의무 복무 개념으로 단기간 복무하고 제대하는 구조이다. 〈표 56〉과 〈그림 16〉은 2019년 현재 육군 간부의 근속기간 분포를 나타낸다. 표를 보면 10년 미만의 간부가 약 72,000명으로 전체의 62%를 점하고 있으며, 20년 이상 장기 근속자는 약 17,000명으로 14.6%에 지나지 않는다. 육군 간부의 평균 근속기간은 10.4년으로, 모병제 선진국들의 장교와 부사관의 경우 평균 15~20년이라는 사실에 비추어 볼 때 우리 육군의 간부 활용 기간이 매우 짧음을 알 수 있다. 반면에 우리나라의 경찰 및 소방 공무원들을 포함한 정부기관 공무원들의 평균 근속기간은 15.2년으로서, 10년 미만 근속자들은 약 37%로 군인의 절반밖에 되지 않으며, 20년 이상 근속자들은 35.1%로 군인들보다 2.5배나 된다.[130] 이와 같이 공무원들에 비해 군인의 장기 활용률이 월등하게 낮다. 이는 군 간부들의 직무의 숙련

130) 공무원 근속기간

출처: 통계청, 『2017년 공공부분 일자리 통계』(2019. 2. 10.)

구분	평균 근속기간	3년 미만	3~5년	5~10년	10~20년	20년 이상
분포 비율(%)	15.2년	14.8	9.6	14.7	27.9	35.1

도가 타 공무원들에 비해 그만큼 뒤진다는 것을 의미한다.

〈표 56〉 육군 간부의 근속기간 분포 (2018년 기준)

(단위: 천 명)

근무기간	계	1~5년	5~10년	10~15년	15~20년	20~25년	25~30년	30년 이상	평균 근속기간
계	약 116	47	24.5	16.1	11	8	6.2	2.9	10.07년
장교	약 44	19.8	7.8	5.7	4.6	3	2.1	0.6	9.45년
부사관	약 72	27.2	16.8	10.5	6.5	5.1	4.1	2.3	10.44년

〈그림 16〉 육군 장교 및 부사관의 연차별 분포 (2018년 기준)

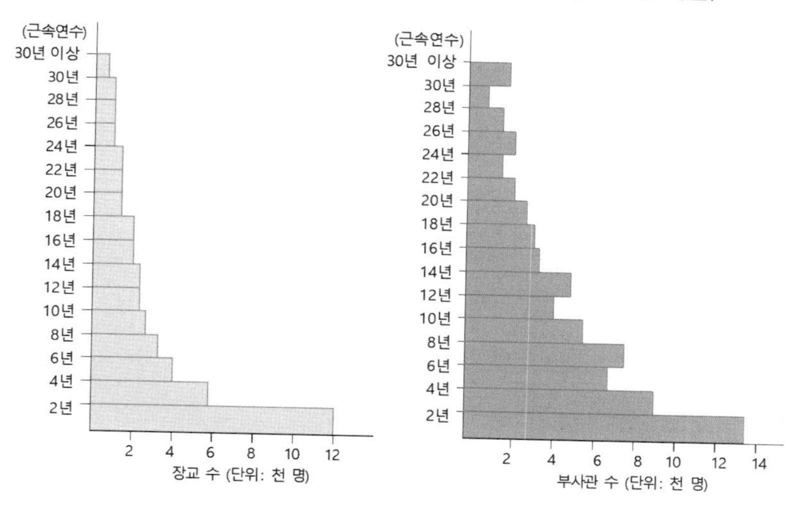

장기 복무를 통해 육군 내 숙련된 전문인력을 확보하기 위해서는 계급에 따른 차등적 연령 정년 제도를 폐지하고 미국, 영국, 독일, 일본 등의 선진국과 같이 연령 정년을 늘리거나 단일화해야 한다. 〈표 57〉은 각국 군인들의 계급별 연령 정년을 보여주고 있다. 선진국들의 군인 정년에 비해 한국군의 정년은 매우 낮음을 알 수 있다. 한국의 여타

공무원 직군과 비교해 볼 때도 군인들의 정년이 매우 낮다.[131] 이는 정년 제도에 의해 경험이 풍부하고 숙련된 전문가를 확보하는데 불리하게 작용한다. 현재의 정년제도 하에서는 진급이 안 되면 본인의 의사와 무관하게 어쩔 수 없이 군을 떠나야 한다.

〈표 57〉 우리나라와 외국군의 계급별 정년 비교

(단위: 연령)

구분	상·원사	대위	소령	중령	대령	장군 이상
한국	53~55	43	45	53	56	상이
미국	62	62	62	62	62	상이
프랑스	57	57	57	57	57	60
독일	57	57	57	59	61	63
일본	54	54	55	55	56	60

외국군의 사례와 우리나라 공무원들의 사례를 참고하여 판단해 볼 때, 한국군 장교와 부사관의 나이 정년은 타 공무원들과 같이 60세로 단일화시키고 향후 나이를 62세, 65세로 늘려나가는 것이 필요할 것이다. 그리하여 군 간부들의 근속연수별 구성 비율을 현재의 급격한 기울기의 피라미드 형태에서 종과 같은 형태로 바꾸어야 한다. 일본의 자위대도 정년 제도와 병력구조를 획기적으로 개선하기 이전인 1980년대까지는 현재의 한국군과 같은 구조였지만, 1990년 이후 국방력 강화 차원에서 자위대의 병(士) 비율을 줄이고 간부들의 정년을 연장하여 근속연수별 병력 분포를 종형 구조로 전환하여 완전한 직업군인

131) 공무원 정년

구분	일반 공무원	경찰 공무원	소방 공무원	교육 공무원
연령 정년 (년)	60세	60세	60세	62세

제도로 탈바꿈하였다. 모병제하에서 한국군 근속기간 분포의 형태는 〈그림 17〉과 같이 현재의 피라미드형에서 종형 구조로 전환되어야 할 것이다.

〈그림 17〉 한국군 장교의 근속기간 분포 개선안

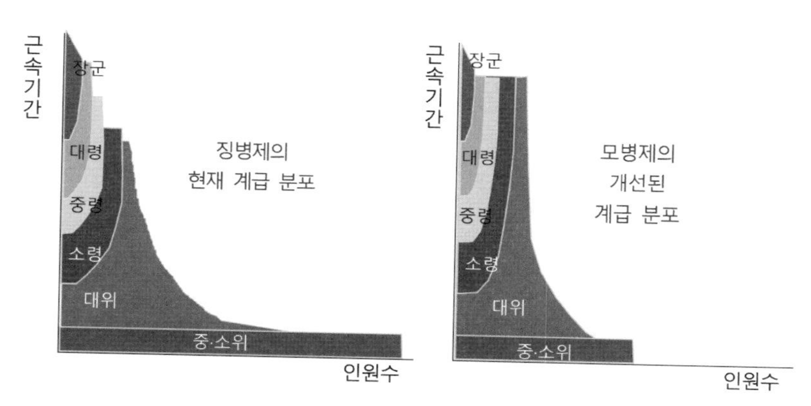

사실 과거 2010년대 초에 직업군인의 정년 연장과 단일화 안건이 정치권에서 지속적으로 제기되어 관계자들에 의해 논의된 바가 있다.[132] 이에 대한 군내·외의 여론은 정년제도 개선의 시대적 필요성은 인정되나 정년의 연장은 병력유지비 증가와 인력의 고령화를 유발하기 때문에 현재 시점에는 적절치 않다는 것이었다. 또한 상복하복의 엄격한 위계질서가 약화될 가능성과 직무 태만을 초래할 가능성 등이 제기되면서 정년 연장 대한 부정적인 여론이 보다 강했다. 이로 인해 한동

132) 당시 제18대, 19대 국회 국방위원회를 중심으로 '직업군인 정년 60세로의 연장 및 단일화'에 대한 논의가 활발하게 진행되었다. 특히 송영근, 김종태 의원이 이를 적극적으로 주장하며 많은 공청회 및 토론회, 세미나, 관계기관 합동 토의 등을 가졌으며, 대통령 선거 공약에 반영하여 국가 정책 과제에 포함시키는 방안을 추진한 바 있다.

안 중요 안건으로 부각되던 직업군인의 정년 연장 문제가 수면 아래로 내려갔다. 그러나 근래 우리나라 국민들의 평균 수명이 80세 이상으로 늘어남에 따라 국가 차원에서 생산 인구(productive population)의 상한선을 64세에서 69세로 높이고 노인 연령을 65세에서 70세로 조정하는 방안이 적극적으로 검토되고 있다.[133] 2015년에는 공무원의 정년을 현재의 60세에서 65세로 연장하고 임금 피크제를 시행하는 방안을 2023년까지 점진적으로 추진하기로 결정한 바 있다.[134] 2019년 2월 대법원은 육체노동의 정년을 기존의 60세에서 65세로 상향해야 한다는 취지의 판결을 하였다.[135] 이 판결은 앞으로 각 분야에서의 정년 연장에 큰 영향을 미칠 것으로 보인다. 이러한 추세들을 감안한다면, 머지않은 미래에 군인들의 정년 연장 문제도 본격적으로 거론될 것으로 예상된다.

장교와 부사관 정년 연장은 비용 증가, 인력 고령화, 군기 이완, 직무 소홀 등의 가능성을 완전히 배제할 수는 없으나, 이러한 부작용보다는 정년 연장과 정년 단일화를 통해 얻을 수 있는 기대 효과가 훨씬 더 크다. 첫째, 앞에서 언급한 것과 같이 모병제가 성공을 거두기 위해서는 매년 모병 수요 이상으로 국민들이 군에 지원해야 하는데, 정년 연장은 신규 모집 수요를 감소시켜 지원자 부족 현상을 예방하는 효과가

133) 그동안 65세가 노인의 기준이 된 것은 국제사회에서는 19세기 독일 비스마르크 총리가 사회보험제도를 처음으로 도입하면서 노령연금을 받는 나이를 65세 이상으로 정한 것이 시초가 되었으며, 우리나라는 1981년 노인복지법이 제정되면서 65세 이상의 인구에게 노인복지 혜택을 제공하면서부터이다. 1981년 노인복지법 제정 당시의 한국인들의 평균 수명은 약 66세였으나 현재는 약 80세 (남자 79.7세, 여자 85.7세)이다. 오현근, "(뉴스 리포트) 노인 연령의 기준 놓고 찬반 의견 잇따라," 『Daily Good News』 (2019. 2. 15.)

134) 강소영, "공무원 정원 65세까지 연장' 4월말 초안 확정," 『MoneyS』(20-15. 1. 22.)

135) 연합뉴스, "육체노동 가동연한 60세→65세 상향... 정년도 연장되나" (2019, 2. 21.)

있다. 현재의 짧은 정년 제도로는 구성원들의 조기 유출이 불가피하기 때문에 연간 모집 수요를 증가시키고 이는 모병 지원율 저하로 이어진다. 따라서 구성원들의 평균 활용 기간 연장을 통해 연간 모집 수요를 줄임으로써 인구 감소로 인한 입대 지원 자원의 부족 문제를 완화시킬 수 있다. 둘째, 직업군인의 정년 연장 및 단일화는 평균수명 연장과 청년 인구 감소 등의 인구 구조적 변동 추세와 국가의 생산인구 기준 연장 및 노인 인구 정책에 효과적으로 조응할 수 있는 방안이다. 셋째, 직업군인들의 직업적 안정성을 향상시킴으로써 국민들의 군에 대한 직업적 선호도를 증가시키고 우수 자원을 획득하기에 유리할 것이다. 넷째, 장기간의 경험과 직무교육을 통해 직업적 전문성과 숙련도를 높일 수 있다. 이것은 향후 첨단 장비위주의 육군 구조로 혁신하는데 필수적인 요소이다. 다섯째, 우리 군의 혁신이 필요한 권위적이고 피동적인 조직 문화와 상·하 구성원 간의 경직된 관계에서 벗어나 탈권위적이고 자발적이며, 상호존중의 조직 문화로 바꾸어 나가는데 일조하게 될 것이다.[136]

한편 정년 연장으로 인해 파생되는 부정적 효과로 주로 거론되는 비용 증가 문제는 정책적 조치로 어느 정도 완화할 수 있을 것이다. 정년

---

136) 현재의 병력 구조는 부서장이나 상급자가 부서원이나 하급자보다 계급 뿐 아니라, 대부분 연령이 높고 군 경험도 많으며, 임관년도 선배들이기 때문에 상급자와 하급자의 제도적, 심리적 관계 형성이 매우 수직적으로 이루어진다. 상·하급자 간의 의견이 다를 경우, 상급자의 경험과 식견, 연배의 권위에 눌려 하급자의 의견이 반영되기 보다는 상급자의 의견이 우선된다. 이러한 분위기 속에서는 임무형 지휘의 조직 문화 형성은 매우 어려우며, 분권화된 자율적 임무 수행의 풍토가 조성되기 곤란하다. 그러나 계급 정년이 단일하게 연장된다면 조직 내에 경험과 식견이 풍부하며 연배가 높은 하급자의 비중이 현재보다 높아지고 그 결과 상급자가 하급자의 의견을 경청하고 존중하는 분위기가 조성됨에 따라 임무형 지휘의 조직 문화가 손쉽게 실현될 수 있을 것이다.

연장으로 인한 군인연금 지급액 증가는 군인 연금 지급 개시 시점이 늦춰짐에 따라 국가 부담액 증가가 사실상 억제되는 결과를 가져온다. 호봉 수 증가에 따른 급여비용의 증가는 초급간부 양성 교육비와 인력·시설 운영 소요 비용 등의 감소로 인해 급여 외의 전력운영비가 절약됨에 따라 어느 정도 상쇄가 가능하다.

인력 고령화 문제는 정년 연장에 있어 피할 수 없는 현상이다. 그러나 오늘날 평균 기대수명의 연장과 의료기술의 발달 등으로 한국인들의 신체 조건은 과거에 비해 월등하게 향상되었다. 현재 60세의 신체 조건은 과거의 50세 수준을 유지하고 있다. 더구나 앞으로 첨단 과학기술 위주의 육군이 된다면, 과거와 같이 근력이 중심이 되는 전투력이 아닌 정보지식과 분야별 전문성이 우선시되는 전투력을 필요로 하게 되며 이런 전투 환경에서 인력의 고령화는 더 이상 심각한 문제가 되지 않을 것이다.

정년 연장과 단일화로 인한 상명하복 군기의 이완 문제는 실체를 증명할 수 없는 허구적 상상일 수 있다. 현재도 나이가 많은 행정보급관이나 주임원사 등이 연하의 소대장, 중대장 등을 보좌하며 조화를 이루고 있다. 간혹 군내 발생하는 상·하급자 간의 군기 사고는 나이와 상관없이 대부분 상호 존중이나 신뢰의 부족에서 야기된다. 고도의 위험이 수반되는 경찰이나 소방 공무원 조직에서도 나이와 계급이 전도된 경우가 많다. 이들은 나이와 상관없이 직책에 주어진 제도적 권한의 범위 내에서 상·하급자 간의 관계를 형성한다. 나이가 많다고 상급자를 무시하거나 지시를 소홀히 할 것이라는 가정은 근거가 미약하다. 이러한 문제는 충분히 인사 정책 및 제도적 조치로 통제가 가능할 것이다.

정년 연장과 단일화는 업무의 소홀과 나태를 유발할 것이라는 추정 역시 근거가 미약하다. 경찰과 소방 공무원을 비롯한 대부분의 공무원들은 단일 정년 체제를 유지하고 있으나 이로 인해 조직원들의 직무 몰입과 효과에 부정적 영향을 초래한다는 주장은 발견되지 않는다. 이와는 반대로 현재 육군의 진급 및 정년 체제하에서는, 육군은 진급에 실패하여 상위 계급으로 진출이 좌절되고 조기에 전역해야 하는 자들에게 업무에 대한 자발적인 동기를 부여하기가 어렵다. 반면 정년 연장과 단일화는 직업군인들의 업무 동기를 '진급'으로부터 '직업적 소명의식'과 '성취감'으로 치환시켜줌으로써 조직원들의 직무 의욕을 고취시켜 조직의 성과를 향상시키는 데 기여할 것이다.

2. 계층 간 진입 장벽의 완화

현재의 한국군의 병-부사관-장교의 신분 간 구분은 매우 철저하다. 병, 부사관, 장교의 인력 충원은 완전히 분리된 체제를 유지하고 있다. 병은 병으로 시작하여 병으로 군 복무를 마치며, 부사관은 부사관으로 시작하여 대부분 부사관으로 마친다. 장교는 장교로 시작하여 장교로 마친다. 일부 병이나 부사관이 부사관 또는 장교로 신분을 전환하는 경우가 있기는 하다. 〈표 58〉에서 보는 바와 같이 육군은 부사관 모집 시 일정 비율을 현역 병사 중에서 선발하며, 장교 모집 시에도 병 또는 부사관 중에서 일정 비율을 선발하는 제도를 현재 운영하고는 있다. 그러나 이 제도를 통해 신분이 전환되는 경우는 극히 일부에 지나지 않아 이 제도가 구성원들에게 병에서 부사관 신분으로, 또는 부사관에서 장교 신분으로의 원활한 전환을 보장해 주지 못하고 있으며, 이는 다른 공무원 조직에서 운영하는 일반적인 진급제도와는 완전히 다른 형태이다.

〈표 58〉 2018년 육군 장교 및 부사관 후보생 선발 결과

(단위: 명)

구 분	계	육사·3사	학군·학사	[1]간부사관	기타
장교	약 6,069	880	4,333	29	827
	100%	14.5%	71.4%	0.5%	13.6%
구 분	계	민간 모집	[2]단기 전환	[3]현역 모집	기타
부사관	약 6,400	2,900	1,240	1,360	940
	100%	45.3%	19.4%	21.3%	14.7%

[1] 간부 사관 : 전역 후 2년 이내인 예비역, 자대 근무 6개월 이상 부사관 (현역 부사관은 3개월), 상병 이상 병들 중에서 장교후보생으로 선발되어 임관한 자

[2] 단기 전환 : 유급지원병 → 단기 복무 부사관으로 신분 전환한 자

[3] 현역 모집 : 일병 이상 병들 중에서 부사관 후보생으로 선발되어 임관한 자

표를 보면, 장교의 경우 병이나 부사관을 대상으로 선발하는 규모는 연간 약 30여명 정도로 전체 장교후보생의 0.5%, 전체 현역병의 0.013%에 불과하여 거의 무시될 수 있는 수준이다. 부사관의 경우는 연간 약 1,300~1,500명을 현역병에서 충원함으로써 전체 부사관 후보생의 21.3%를 차지하고 있으나 현역병 전체 차원에서는 단지 0.6%에 불과하다. 이것은 현재의 징병제 체제 하에서 불가피한 측면이 없지 않다. 또한, 부사관이나 장교를 희망하는 현역병들이 그리 많지 않기 때문이기도 할 것이다. 그러나 앞으로 병역제도의 형태가 모병제로 전환된다면 병-부사관-장교의 신분이 상호 연계되어 관리될 필요가 있다. 즉, 미군과 일본 자위대와 같이, 병으로 입대한 자들이 일정 기간이

경과하면 부사관으로 진급해서 계속 군 생활을 할 수 있도록 제도적으로 보장되어야 할 것이다. 미군들의 경우, 병으로 입대해서 3년째부터는 공식적으로 부사관으로서의 권한과 대우를 받게 된다. 일본의 자위대도 병(士)으로 지원 입대하여 3년이 경과하면 부사관으로 진급하여 군 생활을 계속할 수 있다. 자위대 병(士)의 절반가량은 3년 계약 기간 만료 후 제대하는 임기제 신분이지만, 나머지 절반은 3년 복무 이후에도 계속 직업군인의 길을 걷는다. 앞으로 우리 군이 모병제를 시행하게 되면, 미국, 일본 등과 같이 지원병들의 부사관 진출 기회를 확대함으로써, 이들에게 안정적인 직업을 제공하여 지원병에 대한 국민들의 직업적 선호도를 높이는 한편, 매년 모집해야 하는 지원병 수요를 감소시킬 필요가 있다.

장교들의 충원 방식도 초급 장교를 민간 부문으로부터 대량 획득하여 조기에 유출시키는 현재의 구조에서, 부사관 계층으로부터 초급장교를 획득하는 비중을 대폭 확대하여 장기간 활용하는 체제로 전환되어야 한다. 앞의 〈표 58〉에서 보듯이 현재의 장교 충원 제도는 전체의 99% 이상을 민간으로부터 획득하는 방식이다. 이 방식은 징병제하에서 민간으로부터 낮은 비용으로 손쉽게 우수 자원을 대량 획득할 수 있다는 장점이 있지만, 인구 절벽 시대에 병력 자원 부족 현상이 심화하고 병들의 복무 기간이 짧아지거나 병역 제도가 모병제로 전환된다면 이러한 징병제의 장점을 더이상 향유하기 어렵게 된다. 따라서 앞으로 대규모 초임 장교를 민간으로부터 획득하기 곤란한 상황에서, 민간으로부터의 초급 장교 충원 규모를 줄이고 군내 인력 풀로부터의 획득을 확대한다면 인구절벽 시대에 겪게 될 장교 충원의 어려움을 어느 정도 완화시킬 수 있을 것이다. 부사관으로부터 초임 장교를 충원하는 방식은 현재의 간부 사관 모집 방식과 완전히 달라야 한다. 즉, 초급 부사관 중에서 소수의 우수자원을 선발하여 임관시키는 것이 아니라, 10~15년 이상 군 경험이 풍부한 상사급 부사관들 중에서 우수 자원을 대거 장교로 승진시켜 활용하는 것이다. 이들이 최초 부사관으로 임관하여 군 생활을 시작한 이후 초급장교로 승진하여 군 생활을 계속한다면 정년 이전에 대위나 소령, 일부는 중령 계급까지 이르게 될 것이다. 〈그림 18〉에 표시된 숫자는 해당 계급에서 상위 계급으로 승진하는데 필요한 최저 복무 기간을 의미한다. 만일 하사로 임관한 부사관이 해당 계급별 최소 복무 기간만 경과 후 지체됨 없이 곧바로 상위 계급으로 진급한다면 30년 후에는 중령 계급까지 도달하게 될 것이다. 상사에서 장교로 신분이 전환되지 않은 상사는 현재 계급으로 또는 원사로 승진하여 정년 도래 시까지 근속하게 될 것이다.

〈그림 18〉 새로운 제도 하에서의 부사관 근속 경로

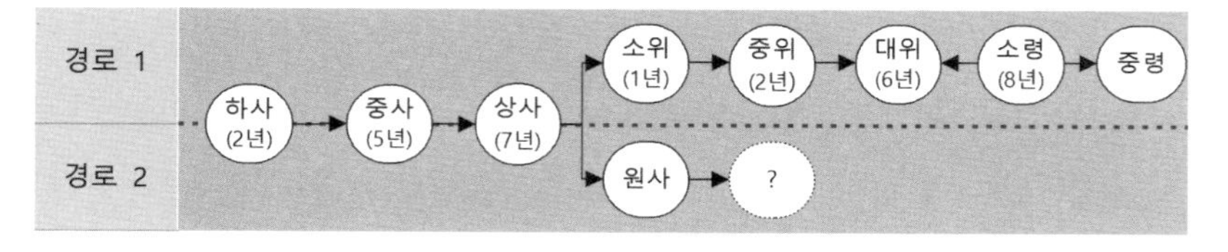

이러한 제도에 의해 최초 부사관으로 출발한 간부의 계급별 구성 분포는 〈그림 19〉와 같이 도식할 수 있다. 부사관이 장교 계급으로 계속 승진할 수 있는 제도는 일반 공무원이나 경찰 조직의 임용제도와 유사하다. 일반 공무원의 경우, 일반적으로 9급으로 임용되어 5급이나 4급으로 정년을 마치거나, 7급으로 임용되어 3급이나 고위공무원으로 마치거나, 또는 처음부터 5급으로 임용되어 고위공무원으로 마치게 되는 3가지 경로가 있다. 이들이 최초 임용될 때는 9급, 7급, 5급 중 하나로 출발하지만 개인의 능력과 성취도에 따라 정년에 도달하기 전까지는 계속 상위 계급으로 승진할 수 있다. 따라서 동일 계급 중에는 9급부터 출발한 자, 7급부터 출발한 자, 5급부터 출발한 자 등 다양한 출신들로 구성되어 있다. 이들의 근속기간은 1년부터 20년 이상까지 다양하다. 경찰도 이와 유사하다. 모든 계급에는 순경부터 시작하여 고위 간부직까지 승진하는 자들과 처음부터 경위로 임용되어 간부의 길을 걷는 자들이 혼재되어 있다. 이처럼 대부분의 조직은 계층별(신분별) 구분 없이 근속기간과 성과에 따라 정년 도달 전까지 상위 계급으로 계속 승진할 수 있는 구조이다. 군 조직만 유일하게 신분별 장벽을 두고 있어 상위 계급으로의 진출이 막혀있다.

〈그림 19〉 새로운 제도에서의 부사관 출신 간부의 계급별 구성 분포

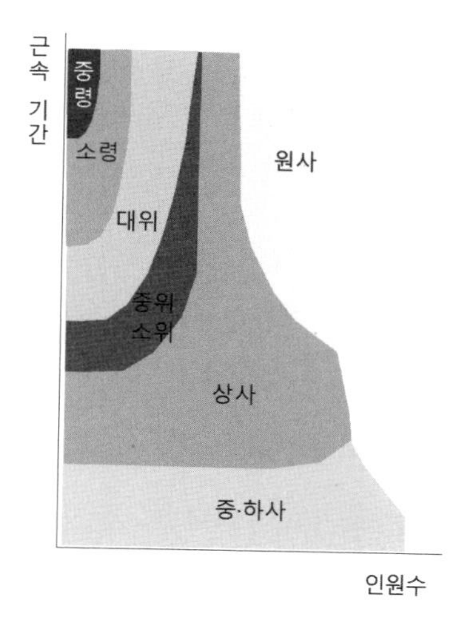

부사관의 장교 진입 장벽을 낮추어 부사관들로부터 초급장교를 충원하는 것은 앞에서 언급한 인구절벽 시대의 초급장교 획득 어려움을 해

소할 수 있는 효과적인 방안일 뿐 아니라 그 외의 여러 가지 이점을 가지고 있다. 첫째, 민간으로부터 충원된 초급장교들의 군 경험 부족에서 오는 임무 수행 및 전투 지휘의 문제점을 경험이 풍부한 부사관 출신 초급장교들로 보완할 수 있다는 점이다. 대개 초급장교들이 수행하는 업무들은 이론 교육을 통한 지식이나 학문적 식견보다는 현지 상황에 대한 지식과 현장 경험을 필요로 한다. 그런데 민간으로부터 충원된 초급장교는 양성 교육 과정을 거쳤다고는 하지만 현지에 대한 경험이 부족하여 한동안 시행착오를 반복하고 정상적인 부대 지휘나 임무 수행에 어려움을 겪는다. 이들이 어느 정도 경험을 축적하고 임무 수행 능력이 향상될 때쯤이면 제대할 시기가 다가온다. 이러한 현상이 한국군의 하급 제대에서 반복적으로 발생함에 따라 한국군의 소부대 전투력이 저하되는 문제가 지속해서 제기되고 있다. 이러한 문제는 실제 전투 상황에서 보다 명확히 드러날 것이다. 현지의 특성에 익숙하고 현장 경험이 풍부하며 병사들과 친밀한 관계를 유지하고 있는 부사관 출신 소대장과 민간 출신 초임 소대장을 한 부대에 혼합 편성한다면 상급 지휘관 지도 하에 서로의 단점을 보완하고 장점을 극대화함으로써 하급 제대의 능력을 강화시킬 수 있을 것으로 판단된다.

둘째, 현재 우리 군에 보이지 않게 흐르는 부사관과 장교 집단 간의 이질감과 상호 불신감을 극복할 수 있다. 현재 부사관과 장교는 완전히 다른 집단으로 서로 다른 세계에 살면서 서로에 대한 공감대나 이해가 매우 부족하다. 부사관은 근본적으로 장교가 될 수 없으니 장교의 입장과 위치를 이해하기 보다는 자신과는 다르다는 의식이 잠재해 있으며, 이로 인해 장교에 대한 동료 의식을 가지는 데 한계가 있다. 장교도 마찬가지로, 부사관에 대한 경험이 없어 부사관을 이해하는 데 한계가 있다. 현재의 임용제도는 장교는 장교대로, 부사관은 부사관대로 자기 집단의 이해관계에 충실하고 서로에 관한 관심은 소홀할 수밖에 없는 구조이다. 이러한 환경에서 부사관들은 장교들을 자신들이 진입할 수 없는 집단으로 인식하고, 업무 등에서의 차등적 대우에 대한 피해의식을 내면화하게 된다. 이러한 환경이 군내 집단 간의 상호 불신으로 뿌리 깊게 이어진다. 신분 집단 간의 불신은 조직의 응집력을 와해시키는 매우 위험한 요인이다. 만일 부사관들에게 장교의 진입로를 확대하여 근속 진급을 허용한다면 부사관과 장교가 서로 다른 집단이 아니라는 분위기가 조성될 것이며, 이는 신분 간의 불신과 피해의식이 해소되어 하나의 육군을 육성하는데 밑거름으로 작용할 것이다.

셋째, 부사관의 사기를 진작하고 복무 의욕을 고취시킬 수 있다. 부사관 인사제도의 특징은, 다른 공무원 조직과 달리 근본적으로 일정 단계에 이르면 더 이상 상위 계급으로 승진할 수 없다는 점이다. 부사관은 하사부터 시작하여 원사까지 승진할 수 있다. 아무리 성과가 뛰어나고 기여도가 높아도 더 이상의 승진은 불가능하다(시험을 통해 준위 등으로 신분 전환하는 제도는 이와 별개의 것이다). 군인 계급을 공무원 급수와 수평 비교가 어렵기는 하지만, 〈표 59〉에서 보는 바와 같이 '국무총리 훈령 157호' 군인에 대한 의전예우 기준 지침(1980. 7. 29.)에 따르면 하사 9급, 중사 8급, 상사 7급, 원사 6급으로 되어 있다.[137] '공무원 임용규칙 별표 1'의 공무원 경력의 상당계급 기준표에 따르면 하사 9급, 중사·상사·원사 8급으로 간주되고 있으며, 실제의 군에서의 역할도 그 정도 수준에 머무르고 있는 것이 사실이다.

---

137) 1980년 훈령 제정 당시에는 원사 계급이 없어 준위 직급(6급)과 동일한 수준으로 판단함.

〈표 59〉 군인과 경찰(소방) 공무원의 계급 비교

구분		9급	8급	7급	6급	5급	4급	3급	2급	1급
군인	[1]의전 서열	하사	중사	상사	원사 준위	소위 중위 대위	소령	중령	대령	준장
	공무원 임용규칙	하사	중사 상사 원사	준위 소위	중위	대위	소령	중령	대령	준장
[2]경찰공무원		순경	경장	경사	경위 경감	경정	총경	경무관	치안감	치안정감
[2]소방공무원		소방사	소방교	소방장	소방위 소방경	소방령	소방정	소방준감	소방감	소방정감

[1] 의전서열은 국무총리 훈령 제157호 군인에 대한 의전예우 기준지침 (1980. 7. 29.)에 따름.
[2] 공무원 임용규칙 별표 1. 공무원 경력의 상당 계급 기준표에 따름

〈표 60〉 군인, 경찰, 일반 공무원 승진 최소 소요기간 및 근속 승진 기간 비교

구분	하사	중사	상사	원사
부사관	최소 2년 근무 근속 승진 6년	최소 5년 근무 근속 승진 12년	최소 7년 근무	최대 20년 근무

구분	9급	8급	7급	6급	5급	4급
일반직 공무원	최소 1.5년 근무 근속 승진 5.5년	최소 2년 근무 근속 승진 7년	최소 2년 근무 근속 승진 11년	최소 3.5년 근무	최소 4년 근무	최소 3년 근무

구분	순경	경장	경사	경위	경감	경정	총경
경찰(소방) 공무원	최소 1년 근무 근속 승진 4년	최소 1년 근무 근속 승진 5년	최소 2년 근무 근속 승진 6.5년	최소 2년 근무 근속 승진 10년	최소 3년 근무	최소 3년 근무	최소 3년 근무

출처: 대통령령 제29180호 공무원 임용령 제4장 승진임용

이것은 부사관이 30년 이상을 군에 헌신하면서도 9급에서 시작하여 사실상 8급으로 마친다는 것을 의미한다. 이러한 진급 구조는 공공 조직 어디에도 발견되지 않는다. 이러한 구조 속에서는 어떠한 방법으로도 부사관들의 좌절감과 박탈감에 대한 근본적인 해결이 곤란할 것이다. 〈표 60〉에서 보는 바와 같이, 일반직 공무원들의 경우, 최소 근무

소요기간만을 고려할 때, 9년이면 9급 공무원이 5급까지 승진할 수 있다. 일반적으로는 9급 공무원으로 공채되어 30년을 근무하면 대개 4급(서기관)까지 승진할 수 있다. 이들이 고위공무원으로 승진하는 경우도 드물지 않다. 근속 승진 시에도 9급 공무원으로 채용된 지 만 23년 6개월이면 6급에 이르게 된다. 경찰의 경우, 최소 근무 소요 기간만을 고려할 때 순경으로 공채된 지 12년이면 총경에까지 승진할 수 있다. 근속 승진 시에도 25년 6개월이면 순경에서 경감까지 승진할 수 있으며,[138] 일부는 총경과 그 이상의 계급으로까지 승진하기도 한다.

따라서 우리와 유사한 직무를 수행하고 있는 경찰 공무원이나 일반직 공무원의 사례에 비추어 볼 때, 부사관의 승진 체계는 부사관들의 승진 동기와 개인적 성취감을 제한하고 박탈감을 가지게 하는 매우 불합리한 제도라는 사실을 알 수 있다. 부사관들에게 장교 계급으로의 승진을 허용한다면 부사관들의 위상이 개선되고 그들의 근무 의욕이 고취될 것이며, 이것이 궁극적으로 군 조직의 성과 향상으로 이어지게 될 것이다.

3. 민군 융합형 인사관리

앞으로 첨단 과학기술과 선진화된 경영기법을 기반으로 하는 조직으로 변모하기 위해서는 우리 군은 여러 분야에서 많은 전문가를 필

138) 경찰(소방) 공무원은 2018년 경찰 및 소방 공무원법을 개정하여 순경(소방사)에서 경감(소방경)까지 근속 승진에 필요한 기간을 5년 단축하여 기존의 30년 6개월에서 25년 6개월로 조정하였다.

요로 하게 될 것이다. 현재 우리 군은 자체 양성한 분야별 석·박사급의 많은 인재를 보유하고 있으며, 또한 유능한 장교를 선발하여 민간 및 해외 기관에 직무 연수를 보내고 있다. 이들이 학교나 기업으로부터 복귀하여 군 발전에 많은 기여를 하고 있는 것이 사실이다. 그러나 앞으로 인구절벽 시대 인구 감소로 인해 우리 군은 필요한 만큼의 우수한 자원을 확보 및 양성하는 데 많은 어려움을 겪게 될 것이다. 또한, 미래의 첨단 과학기술의 눈부신 발전과 새로운 안보환경 변화 속에서 군내에서 양성된 전문인력만으로는 우리 군의 도약적 변혁을 이루어 나가는 데 한계가 있을 것이다. 기존의 단단한 틀을 깨고 새로운 모습의 미래 한국군으로 변모하기 위해서는 기존의 업무수행 방식과 조직문화에서 벗어나 새롭고 창의적인 접근을 시도해야 하기 때문이다. 이를 위한 대안으로 민간의 우수 자원을 적극적으로 활용하는 방안을 검토할 필요가 있다. 민간의 전문인력을 군에 유입시킨다면 군의 우수 전문인력 수요를 충족시킬 수 있을 뿐 아니라, 민간분야의 우수한 과학기술이나 발전된 경영기법, 노하우 등을 군에 이식함으로써 경직되어 있고 지나치게 관료화되어 있는 군 조직을 효율적이고 생산적인 조직으로 탈바꿈시키는데 일조할 수 있을 것으로 기대된다.

이와 비슷한 이유들로 인해 대부분의 정부 기관들은 개방형 공모 제도를 통해 민간분야와 활발하게 인적 교류를 진행하고 있으며, 국내·외의 민간 조직과 국제조직에 고용 휴직 개념으로 공무원을 파견하여 외부 조직의 문화와 노하우를 끊임없이 조직 내로 끌어들이고 있다.[139]

---

139) 우리나라 정부는 1998년 IMF 체제 이후 정부의 생산성 향상과 경쟁력 제고를 위해 공무원 인사관리 제도의 일대 개혁을 추진하였으며, 그 일환으로 그동안 안정적이고 폐쇄적으로 운영되어 오던 공무원 임용방식 개선하여 1999년부터 개방형 임용제를 도입하였다.

그 밖에도 국가공무원법은 전문지식 및 기술 또는 특수성이 요구되는 분야에 경력직 공무원을 일정기간 동안 근무하는 임기제 공무원으로 운용할 수 있도록 규정하고 있다.[140] 또한, 해당 기관의 전문성이 특별히 요구되거나 효율적인 정책 수립을 위하여 공직 내부나 외부에서 적격자를 임용할 필요가 있는 직위를 개방형 직위로 지정하여 운영하고 있으며,[141] 해당 기관 내부 또는 외부의 공무원 중에서 적격자를 임용할 필요가 있는 직위에 대하여 공모 직위로 지정하여 운영하고 있다.[142]

〈표 61〉 국가공무원 및 경찰의 외부 경력직 채용 현황

(단위: 명)

<table>
<tr><th>구분</th><th>계</th><th colspan="9">외부 경력 채용</th></tr>
<tr><td rowspan="2">1)공무원
(2018년)</td><td rowspan="2">6,490
(전체 신규채용의 약 54%)</td><td>9급</td><td>8급</td><td>7급</td><td>6급</td><td>5급</td><td>4급</td><td>3급</td><td>고공</td><td>* 기타</td></tr>
<tr><td>1,871
(9급 전체 채용의 31.7%)</td><td>730
(100%)</td><td>601
(42.5%)</td><td>253
(100%)</td><td>209
(63.1%)</td><td>107
(100%)</td><td>33
(100%)</td><td>78
(100%)</td><td>2,619
(87.8%)</td></tr>
<tr><td rowspan="2">2)경찰
('11~'17)</td><td rowspan="2">매년
550~1,420
(전체 임용의 약 15%)</td><td colspan="2">순경</td><td colspan="2">경장</td><td colspan="2">경위</td><td colspan="2">경감</td><td>경정</td></tr>
<tr><td colspan="2">매년
500~1,300
(순경 전체 임용의 15~25%)</td><td colspan="2">매년 40~80
(15~25%)</td><td colspan="2">매년 3~10
(0.1~0.3%)</td><td colspan="2">매년 19~20
(15%)</td><td>매년 4~10
(1.5~3%)</td></tr>
</table>

1) 공무원 각 계급별 채용 인원 비중은 계급별 신규 채용된 전체 인원 중 경력직 채용자 비율을 나타낸 것으로, 해당 연도에 하위 계급에서 승진한 인원은 신규 채용된 전체 인원에 포함되지 않음.

* 기타 : 연구직(287명), 지도직(12명), 전문경력관(77명), 전문임기제(192명) 등

2) 경찰 계급별 임용 인원 비중(괄호 안 숫자)은 계급별 연간 임용된 전체 인원 중 경력직 채용자 비율을 나타낸 것으로, 전체 인원에는 연간 하위 계급에서 승진한 인원도 포함됨.

출처: 인사혁신처,『2019 인사혁신 통계연보』(2019. 6월), p. 38; 경찰청,『2017 경찰 통계연보』 (2019. 11.), p. 47.

140) 국가공무원법 제26조의5(근무기간을 정하여 임용하는 공무원)

141) 국가공무원법 제28조4(개방형 직위)

142) 국가공무원법 제28조5(공모 직위)

현재 정부가 외부 전문가를 경력직으로 채용하는 비율은 〈표 61〉과 같이 전체 신규 임용자의 절반 이상을 차지하고 있다. 경찰도 전체 임용 인원 중 약 15%를 경력 채용하고 있다. 경력 채용자들은 주로 〈표 62〉에서 보는 바와 같이 자격증 소지자 및 연구 경력자, 과학기술자 등 특정 분야의 전문가들이다.

〈표 62〉 2018년 공무원 경력직 채용자 경력 현황

(단위: 명)

구분	계	자격증 소지자	연구 경력자	과학기술 전문가	국비 장학생	실업계 졸업자	퇴직자 재임용	외국어 능통자	기타
내용	6,490	3,154	1,814	468	274	61	30	31	658

출처: 인사혁신처, 『2018 인사혁신 통계연보』(2019. 6.), p. 40.

한편 내부의 구성원들은 행정기관 상호 간, 행정기관과 교육·연구기관 또는 공공 기관 간의 인사교류를 통해 외부 조직의 전문성과 조직 문화 등을 조직 내부로 유입시킬 수 있다.[143] 또한, 국가적 사업의 수행 등을 위한 행정 지원이나 연수, 능력 개발 등을 위해 다른 국가 기관, 공공 단체, 정부 투자기관, 국내·외의 교육 및 연구기관, 그 밖의 기관에 일정 기간 파견 근무함으로써 파견 기관의 장점과 경험을 습득할 수 있는 기회를 가진다.[144] 그 밖에도 고용 휴직이란 제도를 통해 정부가 인정하는 국제기구, 외국 기관, 국내·외의 대학 및 연구기관, 다른 국가 기관 또는 대통령령으로 정하는 민간 기업 등에 임시 채용되어 근무할 수 있도록 함으로써 외부 조직과의 긴밀한 네트워크를 형성할 수 있다.[145] 정부 기관의 이러한 개방형 인사 제도는 여러 가지 장점을

143) 국가공무원법 제32의2(인사 교류).
144) 국가공무원법 제32의4(파견 근무).
145) 국가공무원법 제71조(휴직).

가지고 있는 것으로 평가되고 있다. 첫째, 외부 전문가나 경력자에게 문호를 개방함으로써 새로운 지식과 기술, 그리고 새롭고 참신한 아이디어를 받아들여 조직의 침체를 막고 새로운 기풍을 진작시켜 조직의 경쟁력을 높일 수 있을 것으로 기대된다.[146] 둘째, 경계 교환 (boundary exchange) 기능이 활성화되고 자원과 정보의 교류와 협력이 활발하게 이루어져 외부 환경과 그 변화에 대한 적응 능력이 향상된다. 셋째, 네트워크 조직 또는 임시 조직(adhocracy)으로의 발전이 가능하며 수직적 벽(계층제)이 개방되고, 수평적인 벽도 개방되어 부서 간의 협조체제가 이루어짐으로써 조직의 효율성과 대응성을 향상시킬 수 있다.[147]

이러한 공무원 조직의 개방형 인사 제도를 군에 도입하는 데는 한계가 있을 것이다. 군과 민간 또는 정부 조직 간 직무 이동성(job mobility)이 다른 조직에 비해 매우 낮기 때문이다. 또한, 현재 우리 군의 폐쇄형 인력관리 제도가 단점만 있는 것은 아니다. 폐쇄형 제도는 조직원들에게 내부 승진의 기회를 보다 더 많이 제공해 줌으로써 안정적이고 장기적인 근무 여건을 조성하여 구성원들의 사기를 높이고 업무의 일체성과 일관성을 기대할 수 있다. 따라서 어느 유형이 조직에 더 유리하다고 단정 지을 수 없으며, 폐쇄형과 개방형의 적절한 조화가 필요할 것이다. 다만 육군의 직무 환경에서 고려할 수 있는 몇 가지 민군 융합의 개방형 인사 제도를 제안한다.

• ***민간 전문가 개방형 공모직 확대*** 경력직 공모제는 현재도 군내에서 책임운영기관의 기관장을 공개 모집하거나 특정 직위를 경력직 군무

---

146) 오성호, "공무원의 개방형 임용제도 도입에 관한 연구," 『사회과학 연구』 제11호 (상명대 사회과학연구소, 1998), p. 2.
147) 김중양, 『한국 인사행정론』(서울: 법문사, 2004), p. 151.

원 직위로 지정하여 운영하는 등 군무원 인사 제도에 다양하게 적용되고 있다. 그러나 대부분의 공모 직위가 하위직에 머물고 있고, 피채용자도 대부분 군의 예비역들로서 군 경험만을 지니고 있어 사실상 외부 기관이나 민간의 발전된 노하우나 새로운 전문지식을 군에 접목하는 데는 한계가 있다. 따라서 이를 극복하기 위해서는 민간 공모 직을 의사결정권과 조직에 영향력을 행사할 수 있는 고위직으로 확대하고 예비역 위주의 채용에서 민간 전문가 위주의 채용으로 전환할 필요가 있다. 정부의 경우, 〈표 61〉에서 보듯이 퇴직자 재임용은 전체 개방형 채용 인원의 0.5%에 지나지 않는다.

한편 현역 군인에 대한 인사는 경력직 채용을 허용하지 않는 완전 폐쇄형 체제이다. 경찰은 각 계급의 약 20% 안팎을 경력직으로 채용한다. 우리 육군의 현역 군인도 현재의 폐쇄형 인사 도에서 벗어나 경찰과 같이 특정 능력과 전문성을 지닌 민간 인력을 경력직으로 채용하여 이에 상응하는 임시 계급을 부여하여 활용한다면 군 조직의 유연성과 전문성을 향상시킬 수 있을 것으로 기대된다. 이들을 활용하기에 적합한 분야는 주로 ① 정무적 판단과 국가정책에 대한 폭넓은 이해가 필요한 정책 기획 분야, ② 과학기술 및 물류체계 등과 같이 특정 전문성을 군에서 획득하기 곤란한 분야, ③ 대민 홍보나 전쟁 시나리오 작성 등 창의성이 요구되면서 군 지식과 경험만으로는 최상의 결과를 기대하기 어려운 분야, ④ 정부·학계·산업계 등 군 외부 기관들과의 긴밀한 협력관계와 네트워크가 필요한 부분, ⑤ 기타 업무수행 방법이나 조직문화 개선 등 내부 혁신이 필요한 분야 등이 고려될 수 있다. 이를 위해서는 민간 전문가를 현역으로 임용할 수 있도록 군 인사법의 장교 및 부사관의 임용과 복무 기간 등에 대한 제도적인 보완이 필요하다.

• ***군 인력과 공무원 인력 교환 파견 근무*** 현재 국무총리실, 기획재정부, 외교부, 행정자치부 등의 국가 기관에 현역 장교가 파견되어 업무를 수행하는 제도는 있지만, 반대로 정부 기관에서 공무원들이 군에 파견되어 업무를 하지는 않는다. 현역 군인의 정부 기관 파견은 군과 정부 기관에 동시에 긍정적인 기여를 한다. 현역 군인을 파견받는 정부 기관들은 현역의 전문성과 인력 풀을 활용하여 조직의 성과를 극대화시킬 수 있다. 우리 군은 파견 군인들을 통해 관련 기관과의 협력적 통로를 확보하고 군의 입장을 정부 기관에 효과적으로 반영시킬 수 있다. 군이 정부 기관으로부터 공무원을 파견받아 운영하는 것도 이와 동일한 긍정적 효과를 기대할 수 있다. 정부 기관과의 긴밀한 협력이 요구되는 제대군인 지원 업무 분야, 복지 분야, 의료 분야, 인력 개발 분야, 안전 분야, 군수 분야, 예산 편성 분야, 전력 기획 분야, 계엄 업무 분야, 민군작전 분야, 통합 방위 분야, 해외 협력 분야 등에서 정부 부처 공무원들의 지원을 받아 수행한다면 직무 효과성을 배가시킬 수 있을 것이다. 이를 위해서는 정부 공무원의 군 파견을 위해서는 국가공무원법과 군 인사법을 개정해야 하는 문제가 있다.

• ***민간분야 고용 휴직 제도 확대*** 현재 군의 고용 휴직 제도는 유엔 본부 파견 등 극히 제한적으로 운영되고 있다. 일반 공무원들과 같이 국제기구, 대학 및 연구기관, 다른 국가기관 또는 민간 기업 등에 임시 채용되어 일정 기간 근무한 후 복귀할 수 있도록 한다면 고용 휴직을 통해 민간분야의 장점을 군에 도입하고 이들이 습득한 노하우와 전문지식을 군에 적용할 수 있을 것이다. 고용 휴직을 적용할 수 있는 국제기구로는 유엔본부 외에도 유엔 난민최고대표사무소(UNHCR), 국제원자력기구(IAEA), 화학무기금지기구(OPCW) 등 유엔 산하 기구들이

있으며, 국제전략문제연구소(CSIS), RAND 연구소 등의 해외 유수 연구기관들을 고려할 수 있을 것이다. 또한, 행정안전부·통일부·법무부, 보건복지부 등과 같은 국가 기관의 경력 계약직 직위도 고용 휴직의 대상으로 고려될 수 있으며, 그 밖에 국내의 첨단 기업의 연구소 등도 고용 휴직 대상 기관으로 고려될 수 있을 것이다. 고용 휴직 대상 기관은 피고용 기관에서의 경험과 전문 지식이 궁극적으로 군에 긍정적인 기여를 할 수 있는 곳이어야 하며 육군이 이를 판단하여 고용 휴직 허용 기관을 선정하고, 선정된 범위 내에서 개인의 고용 휴직을 승인한다. 개인과 고용 휴직 기관과의 고용 협조는 군이 중간에서 매개하거나 고용 휴직 당사자가 자신의 개인 역량을 활용하여 개별적으로 추진한다.

• ***계약직 예비군 장기간 현역 복무*** 우리 군은 미군이나 스위스군과 달리 예비군 자원을 장기간 군 조직에서 활용하는 제도를 운영하고 있지 않다. 미군은 예비군에 대한 의존도가 매우 높아 평소 80만 명의 예비군을 운영하며 평소의 군사 작전에 이들을 직접 투입시킨다. 2003년부터 약 8년간 진행된 이라크 안정화 작전에 미군의 약 40%가 예비군으로 충원되기도 하였으며, 아프가니스탄 작전에는 총 21만 명의 예비군이 동원되었다. 현재 미군은 민사 부대, 심리전 부대, 훈련 부대, 특수전 부대, 공병 부대, 항공 부대, 화생방 제독 부대 등에서 병력의 40~100%를 예비군으로 충원하고 있다. 앞으로 우리 육군이 인구절벽 시대를 맞아 분야별 전문인력 획득이 어려운 상황에서는 민간 전문인력의 활용이 새로운 돌파구가 될 수 있다. 미국의 예비군 제도와 같이 특정 분야에 임무 수행에 필요한 기술과 전문성을 가지고 있는 민간 인력을 예비군 자원으로 확보하여 평시에 이들을 활용하여 부대를

운영토록 한다면 군내의 전문인력 부족 문제를 해소하는 동시에 민군 융합을 통한 시너지 효과를 기대할 수 있을 것이다. 이것은 현재 1년에 3~4일 형식적인 동원 또는 소집 훈련만을 실시하는 우리 군의 예비군 제도와 완전히 다른 형태로서, 국가와의 계약에 의해 짧게는 3~4개월, 길게는 1~2년간 군에서 장기복무 후 본업에 복귀하는 형태이다. 이를 위해서는 자격을 갖춘 많은 민간 우수 인력을 예비군으로 확보하는 것이 중요하다. 따라서 미국과 같이 예비군에 대한 급료, 진급 체계, 의료·복지·교육·연금 체계, 국가와 직장 간의 합의를 통해 군 복무에 따른 직장 내 불이익 배제 및 비용 보전 등의 제도적 유인 장치가 마련되어야 할 것이다.

4. 군사지원 분야 민간 외주 확대 : 민간 군사기업 활용

제3장에서 살펴보았듯이 앞으로 분쟁지역에서 민간 군사기업(PMC)의 역할은 더욱더 커질 것으로 전망된다. 앞으로 20~30년 이후의 미래에는 과학기술의 발달과 이에 따른 개인의 역량과 활동 공간의 확장으로 국가의 기능과 역할이 축소되는 반면 민간의 영역이 확대되고 기업이나 종교단체, 비정부기구(NGO)의 영향력이 커질 것으로 전망된다. 현재 세계는 1차 세계대전 이후 50년 이상 신봉하던 케인즈 이론[148]에서

---

148) 케인즈 이론은 영국의 경제학자 J.M. Keynes에 의해 1930년대에 확립된 이론으로, 제1차 세계대전 이후 경제공황 상황에서 이 전까지 중시되어 오던 A. Smith의 국가의 시장개입 최소화에 반대하며 시장 기능의 실패를 바로 잡기 위한 국가의 기능과 역할을 강조한 이론이다.

벗어나 1990년대 이후부터는 본격적으로 신자유주의[149]를 지향하고 있으며, 이러한 흐름은 앞으로 4차 산업혁명 시기를 맞아 더욱 빨라질 것으로 예측된다. 기존에 국가의 전통적 영역이라고 간주되어 오는 안보 분야 역시 많은 부분이 민간 시장으로 이전되고 있는 것이 사실이다. 이와 같은 추세 속에서, 현재는 제한된 규모의 민간 군사기업이 제한된 영역에서 활동하고 있으나 앞으로 이들의 활동 영역과 역할도 매우 다양한 형태로 확대될 전망이다. 이러한 현상은 인구 절벽시대를 맞이하여 병역 자원 확보가 어려운 시기에 군에 긍정적인 효과를 가져 올 것이다. 그 동안 현역 군인들이 담당해 왔던 많은 분야를 민간 기업에 아웃소싱 함으로써 병력의 수요를 줄일 수 있으며, 한편으로는 제대군인들에게 일자리를 제공해 줄 수 있어 일석이조(一石二鳥)의 효과를 기대할 수 있다.

다만 민간 군사기업을 어느 분야에서 어떤 역할을 수행하게 할 것인가에 대한 고려가 필요할 것이다. 2000년대 초반 아프가니스탄과 이라크에서 미군은 많은 민간 군사 기업을 활용하여 군사작전을 수행하였다. 민간 군사기업의 전투 현장 투입은 여러 가지 장점을 가지고 있지만 전술적, 도덕적, 경제적 측면에서 여전히 논란이 가시지 않고 있는 것이 사실이다. 작전 현장에서의 많은 목격자들이 민간 군사기업의 무분별한 무력 사용, 전장 이탈, 민간인 학살, 비도덕적 행동 등을 증언하고 있다.[150] 따라서 현역 군인의 영역과 민간 군사기업의 영역을 명

---

149) 신자유주의는 국가의 기능을 축소하고 그동안 국가가 관장하거나 지원하던 영역들을 시장과 민간에 다시 돌려주는 것으로 자유시장, 규제 완화, 재산권을 중시한다.

150) Molly Dunigan, "Testimony: Considerations for the Use of Private Security Contractors in Future U. S. Military Deployments," (RAND Corporation, June 2010).

확히 구분하고 민간 군사기업의 활동에 대한 현역 군인들의 철저한 감독과 통제가 병행되어야 한다. 우리가 고려할 수 있는 방안은 군은 작전과 전투 임무에 전념토록 하고 전투근무지원 분야는 민간 군사기업에 위탁하는 것이다. 이는 경영 전문화 및 효율화 측면에서도 유리할 뿐 아니라, 행정(시설, 급식, 보급, 정비 등) 중심의 군에서 전투형 군대로 체질을 전환하는데도 유리할 것이다. 이런 측면에서 볼 때, 군 업무의 아웃소싱은 앞으로 국방 개혁, 기술군 지향, 제한된 전투 역량의 집중, 국방력의 질적 개선 등의 이유로 정부 차원에서 필연적으로 추진될 것으로 전망된다. 우리가 고려할 수 있는 민간 군사기업에 아웃소싱할 수 있는 분야는 〈표 63〉에서 보는 바와 같이 훈련과 군수 관리, 시설 관리 등의 작전 지원 분야가 적절할 것이다.

〈표 63〉 민간 군사기업 아웃소싱 가능 분야

구분	사업 가능 분야	
군수 관리	· 수리부속 보급 · (창)정비 · 해외파병 지원업무 등	· ILS 등 군수지원업무 · 수송(인원, 물자) 관리업무 등
정보화	· C4I · 자원관리 및 상용 IT 장비 운영유지 · 사이버 보안	· 전산관리 (S/W.H/W) · 통신실 운영 · S/W 인증업무 등
교육 훈련	· 전투훈련 · 교육훈련 평가 및 대항군 업무 등	· 모의훈련 시설 및 장비(H/W,S/W) 운영유지업무
근무 지원	· 해외파병부대 지원 및 관리업무 · 인쇄 및 지도업무	· 기지 내 취사/급식지원업무 등
시설 관리	· 군시설 · 복지시설 · 의무시설 관리업무	· 경호, 경비/경계 · 환경 정화 · 교도소 관리업무 등
군사 자문	· 정책연구 · 비상사태관리 ·부대재편	· 장비운영 등 자문업무 · 교리, 번역, 정보 처리 업무 등

출처: 이상경 외 4명, " 전역 군인 일자리 창출을 위한 민간군사기업(PMC) 제도적 도입 및 발전방안 연구" (국방부 전직지원과 정책연구 용역과제, 국방연구원, 2017), p. 23.

5. 개인 전투력 증강에 중점을 둔 연구개발

〈표 64〉 2050년 미래전장 유망 기술 80 選 (40개만 예시)

1	원거리 건물투시 레이더	21	헬멧 방저의 정보시현 및 증강현실
2	수중/수상 로봇 감시 체계	22	초고출력 레이저 발생/조준 기술
3	빅데이터 기반 사이버 테러 실시간 징후감지	23	병사용 헬멧 내장 컴퓨터 AI 및 자동연동
4	고도도 무인기 초고수명 원자력 전지	24	전 지구궤도 비행체 감시 기술
5	근접공중지원용 휴대형 무전기	25	초광각 감시 센서
6	EMP방호 플라즈마 형성 기술	26	부상자 응급치료용 바이오 프린팅
7	개인병사 스틸스 기동용 소재	27	무인체계 통합 관리기술
8	초소형 인터페이스 기반 로봇제어 기술	28	원거리 생체신호 검출 및 전투력 평가
9	초소형 무인기 다중 정보 3D 시현	29	전투상황 예측 실시간 시뮬레이터
10	해상 로봇 수중 무선전력공급 기술	30	생화학 물질 탐지용 광학코 센서
11	사이버 공격 자가 탐지/치료/공격 기술	31	땅굴 탐색용 지하 3D Mapping 기술
12	로봇 플랫폼 및 주요 시설 스텔스 기술	32	무인 수중기지 운영
13	적 종심지역 침투 무인기 목표물 DBE	33	병사용 헬멧 네트워크 연동
14	초소형 곤충 로봇이용 은밀 감청 기술	34	가상 전투훈련용 3D Floating 홀로그램
15	임무 장비 출력용 이동형 3D 프린터	35	그래핀 합성소재 로봇 플랫폼
16	근거리 비행이동용 병사 슈트	36	개인화기 슈트(어깨, 팔) 탈·부착
17	고에너지 밀도 연료전지 로봇	37	장거리 무선 전력 공급
18	수중 위협체 추진 난류기반 항적 추적	38	무인 원격진료
19	하지증강용 인조근육을 위한 탄소 나노 튜브	39	무인 자율로봇 기반의 부상자 구난
20	수중 위협체 발생 수면파의 위성 광역감시	40	저격 총 조준경 자동 적 안면인식

출처: 국방기술품질원, 『미래전장 무인기술 2050』(2017), pp. 17~19.

미래의 다양한 신기술을 활용하여 전투원 개인의 전투 능력을 증강시킨다면 현재의 여러 명이 발휘하는 전투력을 미래의 전투원 1명이 이를 감당할 수 있게 될 것이다. 우수한 전투 장비를 갖춘 개인이 발휘하는 전투 능력은 그렇지 않은 상대를 압도한다. 1894년 9월 빈약한 무장의 동학군 약 2만 여명이 신식 장비로 무장한 일본군 약 200명에게 공주 우금치 전투에서 궤멸당한 전례가 있다. 이는 수적 우세로 질적 열세를 극복하기 어려운 반면, 수적인 열세는 질적 우세로 극복될 수 있음을 시사한다. 앞으로 인구절벽 시대를 맞이하여 병력 부족 문제는 개인 전투 역량의 강화로 극복할 수 있을 것이다. 최근 4차 산업혁명의 추세를 볼 때, 인간의 능력을 극대화할 수 있는 신기술들이 속속 등장할 것이다. 이중 외골격 로봇, 투명 슈트, 증강현실 안경, 개인 공중기동 수단, 레이저 무기, 신소재 방호복, 원격 의료 기술 등의 개발은 개인의 전투력과 생존성을 극대화시킬 것이다. 2017년 국방기술품질원은 2050년 미래 국방기술 예측 결과를 토대로 미래 전장 유망 기술들을 〈표 64〉와 같이 제시하였다.

표에서 제시된 바와 같이 앞으로 20~30년 후면 등장할 것으로 예측되는 많은 기술 중에서 육군은 특히 전투원 개인의 능력을 극대화하고 전투원들의 생명을 보호할 수 있는 분야를 핵심 전력으로 집중적으로 육성해야 할 것이다. 지금까지의 지상전이 2차 세계대전을 계기로 등장한 대규모 밀집 보병과 대형 전차를 앞세운 지상에서의 2차원적 전투였다면, 앞으로의 전장 양상은 AI와 네트워크를 기반으로 분권화되고 지형적 영향을 받지 않고 자유롭게 공중기동하는 소규모의 인간 전투원, 강력한 파괴력을 지닌 소형 비행 무기체계, 사이버전 등이 중심이 되는 매우 신속하고 비가시적인 공중과 사이버 공간에서의 4차원 전투로 진화할 것이다. 이러한 지상전 양상의 변화 속에서 육군은 기존의 무기체계 개발의 중점을 전차, 야포, 헬기 등 둔중한 근육형 무기로부터 작고 스마트한 무인 무기체계로 전환해야 할 것이며, 이와 병행하여 인간의 능력을 극대화하는 휴먼 임파워먼트(Human

Empowerment) 장비 개발에 노력을 집중해야 할 것이다. 이것은 현재 육군이 추진하고 있는 워리어 플랫폼의 차세대 모델과 연동될 것이다. 미래에 유망한 기술 중 미래를 대비하여 육군이 집중적으로 투자해야 할 전략적 핵심기술은 〈표 65〉와 같이 정리할 수 있다.

〈표 65〉 미래 육군의 휴먼 임파워먼트 분야 핵심 기술

구분	내용
개인 화기	22 초고출력 레이저 소화기 36 개인화기 슈트(어깨, 팔) 탈·부착 40 저격 총 조준경 자동 적 안면 인식
기동 수단	7 개인병사 스틸스 기동용 소재 16 근거리 비행 이동용 병사 슈트, 제트 팩, 플라잉 보드 19 하지 증강용 인조근육을 위한 탄소 나노 튜브
정보 및 네트워크	1 원거리 건물투시 레이더 14 초소형 곤충 로봇이용 은밀 감청 및 감시 기술 21 헬멧 바이저의 정보시현 및 증강현실 25 초광각 감시 센서 33 병사용 헬멧 네트워크 연동 34 가상 전투훈련 및 정보 시현을 위한 3D Floating 홀로그램
방호 및 생존성	26 부상자 응급치료용 이동식 바이오 프린팅 28 원거리 생체신호 검출 및 전투력 평가 38 무인 원격진료 39 무인 자율로봇 기반의 부상자 구난 ※ 초경량 합금 소재 탈·부착형 전신 보호세트 (추가)
작전 지원	15 임무 장비 출력용 이동형 3D 프린터 17 고에너지 밀도 연료전지 로봇 에너지 37 장거리 무선 전력 공급

6. 현역 미입대자 군사훈련 및 관리

한국의 병역제도가 징병제에서 모병제로 전환된다 하더라도 유사시

에 대비하여 국민 개병제는 계속 유지해야 할 것이다. 독일, 프랑스, 대만 등을 포함하여 모병제를 시행하고 있는 많은 국가들이 국민 개병제를 그대로 유지하고 있으며, 미입대 국민들을 대상으로 군사훈련을 실시하고 있다. 우리나라는 현재 징병제로서 모든 국민들이 현역이나 대체 복무 등으로 병역 의무를 이행하고 있으며, 제대 후에는 예비군으로 일정 기간 복무한다. 그러나 모병제가 시행되면 병역 대상자들의 90% 이상은 군에 입영하지 않게 되어 결과적으로 군 경험을 가진 예비군 자원을 확보하기 곤란해진다. 따라서 우리나라가 국민 개병제 국가로서 모든 국민이 국방의 의무를 진다는 국민적 의식을 잃지 않고, 국가 차원의 훈련된 예비군 자원을 확보하기 위해서는 현역으로 입대하지 않는 모든 병역 대상자들에게 일정 수준의 군사훈련을 부과할 필요가 있다. 대만의 경우는 현역으로 입대하지 않은 모든 국민(남성)들에게 4개월의 군사 훈련을 부과하고 이후 예비군으로 활용한다. 우리나라도 유사시 예비 병력을 확보하기 위해서는 최소 4개월 이상의 군사훈련과 이후 5년간의 예비군 복무를 제도화하고 할 필요가 있다.

현역 미입대자에 대한 군사훈련과 예비군 관리는 지자체에 위임하는 방안을 고려할 수 있다. 중앙 정부와 군은 상비군을 활용한 국가 차원의 전통적 안보에 집중하고, 지방 정부는 예비군을 활용하여 지역 방위와 재해 재난에 대한 포괄적 안보를 담당한다면 중앙 정부와 지방 정부의 기능 분담과 국가 사무의 위임을 통해 책임 있는 지방 정부의 활성화를 기대할 수 있을 것이다. 이러한 체제는 미국의 연방 정부와 주 정부 간의 역할 분담과 유사하다. 미국의 주 정부는 관할 지역의 치안과 안전, 재해 재난에 대한 1차적 책임을 지고 이에 대응한다. 주지사는 지역의 질서 유지와 재해 재난에 대한 대응을 위해 자신이 운영하는 주 방위군을 효과적으로 활용한다.

한국의 지방 정부도 미국의 주 정부와 같이 재해 재난에 대한 1차적 책임을 지지만, 미국의 주정부와는 달리 현실적으로 이를 이행할 수 있는 수단이 매우 제한된다. 한국의 지방 정부는 사고나 재해 발생 시 현장에서의 기술적 대응은 지역 소방 조직을 활용할 수 있지만, 주민 통제나 이재민 지원, 재해 복구 등을 위한 마땅한 인적 수단을 가지고 있지 않아 신속하고 효과적인 대응이 곤란한 실정이다. 현재는 지역의 자원 봉사자나 행정관서 공무원들을 동원하거나 지역 주둔 군부대의 지원을 통해 이를 해결하고 있다.

한편, 지역의 방위와 관련하여 통합방위법은 지방자치단체의 장이 지역 통합방위협의회의 의장으로서 관할구역별 통합방위태세의 확립에 필요한 시책을 마련하고 국가방위요소를 효율적으로 운용하도록 규정하고 있다.[151] 또한, 민방위기본법은 민방위를 '전시나 통합방위사태 발생시 주민의 생명과 재산을 지키기 위한 모든 자위적 활동'이라고 정의하고, 지방자치단체의 장은 민방위 사태 발생시 지역 민방위 협의회 의장으로서 민방위 업무를 총괄하고 지역의 안전을 보장하기 위한 계획을 수립 및 시행하여 민방위 사태를 신속히 수습 및 복구해야 한다고 규정하고 있다.[152] 한편 예비군법은 지방자치단체의 장이 방위협의회를 운영하며 관할 지역 예비군을 육성 및 지원하도록 규정하고 있다.[153] 이러한 법규들의 내용만을 보면 예비군의 육성과 지역의 방위에 대한 1차 책임은 재해 재난 관리와 마찬가지로 지방자치단체의

151) 통합방위법 제3조(통합방위태세의 확립 등)
152) 민방위기본법 제제2조(정의), 제3조(국가·지방자치단체와 국민의 의무), 제7조(지역민방위협의회)
153) 예비군법 제14조의3(예비군의 육성 및 지원 책임)

장에게 있는 것처럼 보인다. 그러나 현실적으로 이에 관한 지자체장의 역할은 매우 제한적이다. 통합방위 사태가 선포되면 처음부터 지역 군사령관이 합참의 작전지휘 하에 지역의 모든 방위요소를 작전 통제하여 통합방위 작전을 수행하며,[154] 단지 지자체장은 군사작전을 효과적으로 지원하는 데 중점을 두기 때문이다.

만일 예비군의 육성과 관리뿐 아니라 예비군 지휘까지도 지자체장에게 위임하여 지역 방위의 1차적 책임을 부여한다면 현재의 이원화된 지역 방위 체제와 다소 모호한 지자체장과 지역 군사령관의 관계를 바로잡을 수 있을 것이다.[155] 이를 위해서는 현역 미입대자에 대한 군사훈련 단계부터 예비군 관리와 활용에 이르기까지 지자체장이 직접 전 과정을 관장할 필요가 있다. 지자체장은 예비역 지휘관을 통해 소관 지역 내의 미입대자들에 대한 기초 군사훈련을 담당하고, 훈련 종료 후에는 이들을 지역 예비군으로 편입시켜 지역의 통합방위사태나 재해·재난 발생 시 활용할 수 있어야 한다. 이때 군의 역할은 미입대자 군사훈련에 대한 지침을 하달하고, 지도 및 감독 기능을 수행하며, 사태가 악화하여 지역 정부의 대응 능력을 초과할 경우 지자체장으로

---

154) 통합방위 병종사태시 경찰 관할지역에 대해서는 지방경찰청장이 통합방위작전을 수행하며, 나머지 모든 지역은 관할 지역군 사령관에게 작전 권한이 부여된다.

155) 이러한 현상은 지자체장과 지역 군사령관 간의 애매한 관계 설정으로 인해 발생한다. 중앙정부의 경우, 중앙통합방위협의 의장인 국무총리와 통합방위본부장인 합참의장 간 상호 명확한 지휘관계 및 역할이 설정되어 있다. 즉 국무총리는 행정부를 통할하는 권한이 헌법에 의해 보장되어 있어 통합방위본부장인 합참의장을 직접 지휘 및 통제할 수 있으며 중앙통합방위협의회의 기능에 통합방위 작전과 지침을 심의할 수 있도록 규정하고 있다. 따라서 중앙정부의 통합방위 지휘체제는 명확하다. 그러나 지자체장은 지역 군사령관과 계선이 다르기 때문에 지역 군사령관을 지휘할 수 없으며, 작전 및 훈련의 지원만 심의할 수 있어 지역 군사령관과의 관계가 애매할 뿐 아니라, 관할지역 내의 통합방위사태를 대처하는데 있어서의 지자체장의 역할과 책임 또한 불명확하다.

부터 관할 지역을 인수하고 지역 예비군을 작전통제하여 중앙 정부 및 합참의 지휘에 따라 국가 차원에서의 군사 작전을 실시하는 것이다. 또한, 전시에는 관할 군부대가 지역 예비군을 작전 통제하여 후방지역 작전을 수행하거나 상비 사단에 대한 병력 보충 자원으로 예비군을 활용할 수 있을 것이다.

이처럼 담당 지역의 통합방위에 대한 1차적 책임을 지자체장에게 위임하고 지역 주민들에 대한 군사훈련과 예비군 관리까지 지자체장에게 위임한다면 민·관·군이 통합된 실질적인 국가 총력안보 체제를 구현할 수 있을 것이다. 뿐 아니라, 현재 후방지역의 통합방위를 담당하고 있는 제2작전사령부 예하의 말단 지역 대대의 빈약하고 열악한 작전 환경을 개선하는 계기가 될 것이며,[156] 군 입장에서는 평소의 지역 방위에 대한 부담을 줄이고 국가 차원의 군사 대비에 집중할 수 있게 될 것이다.

---

156) 현재 체제 하에서 지역 방위 대대 운영의 많은 부분을 지자체의 지원에 의존하고 있으나 대대가 지자체 소속이 아니기 때문에 지자체의 관심과 지원이 부족하고, 지자체장의 관심과 지휘관의 개인적 수완에 따라 지역 향방 대대에 대한 지자체의 지원 규모가 달라진다.

나오며

1971년 약 101만 명을 정점으로 한국의 신생아 수는 그 이후 계속 떨어져 2019년 30.3만 명, 합계출산율은 0.92명으로 2018년에 이어 연속적으로 1명 이하를 기록하였다. 1명 이하의 합계출산율은 세계에서 우리나라가 유일하며, OECD 회원국의 평균인 1.67명에 비해 대단히 낮은 수준이다. 출산율 저하는 인구 감소로 이어져 한국의 전체 인구수는 2028년부터 떨어지기 시작하여 2050년에는 현재 인구의 90%에 지나지 않게 될 것이다. 국력을 나타내는 지표 중의 하나인 인구의 감소는 국가 경쟁력의 약화를 초래할 것이다. 초저출산·초고령 사회는 생산력의 감소뿐 아니고 구매력과 경제 활력의 저하와 더불어 여러 가지 국가·사회적 문제들을 야기한다.

그 가운데 하나가 병역 자원의 심각한 부족 현상이다. 2019년 만 20세 남자 인구가 약 34만 명이었으나 20년 후인 2039년에는 겨우 16.3만 명으로 2019년의 절반에도 미치지 않을 것이다. 현재 연간 약 24만 명의 젊은이들이 군에 입대하고 있으며, 병력이 50만 명으로 축소되는 2022년부터는 연간 평균 20.3만 명의 젊은이들이 입대해야 한다. 어떻게 연간 16만 명밖에 안 되는 인구로 연간 20만 명의 장병을 공급할 수 있겠는가? 이 상황이 되면 이스라엘이나 스웨덴과 같이 여성들로 의무 복무해야 한다는 주장이 군과 사회 일각에서 종종 제기되고 있다. 또는 남자들의 의무 복무 기간을 과거와 같이 30개월로 연장해야 할 것이라고도 한다. 이러한 주장들이 잘못되었다고는 할 수 없지만, 과

연 얼마나 현실성이 있는지, 군에 순기능적인지, 국가 인력 활용 차원에서 적절한지 등에 대해서 생각해 봐야 할 것이다.

본 연구는 이러한 점을 고려하여 여성 병역의무 부과 또는 남성 복무 기간 연장 등은 다음 연구과제로 남기고, 여기에서는 곧 닥칠 병역자원 부족을 상쇄할 수 있는 모병 방안에 대해 검토하였다. 미래에도 한반도의 안보 위협이 줄어들지 않는 한 현재의 한국군 규모는 그대로 유지되어야 할 것이다. 본 연구는 미래의 안보 상황이 현재와 같을 것이라는 전제하에, 2022년 병력 규모를 기준으로 대안적 모델을 설계하고 인구구조적 측면과 경제적 측면에서 이들을 비교 분석하였다. 모델 1은 징병과 모병을 혼합한 충원 모델이며, 모델 2는 징집병 대신 단기 유급 지원병으로 충원하는 모병제 모델이며, 모델 3은 전 병력이 장기간 근무하는 완전 직업군인제 모델이다. 각 모델은 각자의 장단점을 지니고 있다.

모델 1은 현재의 징병제보다 유급 지원병의 비율이 높아졌을 뿐 별 차이가 없어 시행상에 큰 혼란은 없을 것이다. 재정적 부담 역시 그리 크지 않기 때문에 언제라도 시행할 수 있다. 다만 현재도 유급 지원병의 지원율이 저조한데 어떻게 그보다 몇 배 많은 유급 지원병을 모집할 것인가에 대한 고민이 있어야 한다. 이 모델이 적용되기 위해서는 지원병 모집률 향상을 위한 지원병 보수 및 처우 개선, 인사관리, 군대문화 혁신 등을 통해 군에 대한 국민의 인식 개선이 선행되어야 한다.

모델 2는 프랑스, 독일, 미국, 일본 등의 선진국들이 채택하고 있는 전형적인 모병제 모델로서, 3년 단기복무 지원병, 장기복무 부사관, 장교로 구성된다. 이 모델은 전 병력이 모집에 의해 충원되기 때문에 징병제보다 구성원들의 자발적인 참여 의지가 높고 업무의 숙련도를 높일 수 있는 장점이 있다. 그러나 대상 인구보다 매년 모집해야 할 인원

수가 너무 많아 과연 필요한 만큼 충원이 가능할지가 가장 큰 문제일 것이다. 따라서 모델 1과 같이 모델 2 역시 국민들의 군에 대한 직업적 선호도를 높이는 것이 관건이다. 한편, 모델 2의 인력운영비는 모델 1의 1.2배나 크기 때문에 2030년 이후에나 적용이 가능할 것이다.

모델 3은 전원이 장기 직업군인으로 이루어진 구조로서, 초급 간부를 대량 획득하여 단기간 활용한 후 대량 방출하는 현재의 군 인사 시스템과 달리 경찰을 포함한 일반 공무원 조직과 같은 형태이다. 이는 구성원들의 경험 축적을 통해 고도의 숙련도와 전문성을 확보할 수 있어 미래 첨단과학기술 육군에 적합한 구조이다. 모델 2에 비해 매년 모집해야 하는 인원수도 상대적으로 작아 병력 충원이 상대적으로 수월할 것이다. 다만 전원이 장기 직업군인으로 구성됨에 따라 재정 부담이 매우 크기 때문에 당분간 적용하기는 어려울 것으로 판단된다. 국방비 대비 인력운영비 비율이 40%로 줄어드는 2040년 이후에나 적용이 가능할 것으로 보인다.

이 모델들은 모두 현행의 징병제에 비해 재정적 부담이 증가하는 문제가 있지만, 더 큰 문제는 모집 대상 인구의 급격한 감소에 따른 지원율의 저조일 것이다. 과연 군이 필요로 하는 만큼의 지원병 또는 직업군인을 모집할 수 있을지가 모델 적용의 핵심 관건이 될 것이다. 이 문제는 프랑스, 일본, 대만 등 모병제를 시행하고 있는 대부분의 나라이 겪고 있는 고충이기도 하다. 급격한 인구 감소에도 불구하고 인구 대비 높은 병력 비율을 유지해야 하는 한국의 경우, 향후 어느 형태의 충원 방식을 택하더라도 지원자 부족은 대단히 심각한 문제로 대두될 것이다.[157] 따라서 이러한 문제를 해결하기 위해서는 군은 군인들에 대한 보수 및 처우, 인사관리, 군대 문화 등을 개선하여 국민들의 군에 대한 직업적 선호도를 끌어올려야 할 것이다. 이와 함께 군 조직 운영의 비효율적인 요소를 제거하여 조직의 효율성을 높이고, 인력운영 방식을 개선하여 구성원들의 직무 성과를 높임으로써 병력 소요를 줄이기 위한 노력이 필요하다. 그런 의미에서 본 연구는 다음과 같은 정책을 제안한다.

첫째, 간부들의 정년과 평균 근속기간을 늘림으로써 군인들의 업무 숙련도를 높이고, '소수 획득, 장기 활용'의 인력운영으로 연간 신규모집 소요를 줄여야 한다. 둘째, 지원병→부사관→장교에 이르는 신분간 진입 장벽을 낮춰 상위 계층으로 진출할 기회를 확대함으로써 민간인을 대상으로 한 신분별 신규모집 소요를 줄이는 한편, 하위 계층 구성원들의 사기와 직업의식을 고취해야 한다. 이것은 결과적으로 민간인들의 직업군인에 대한 선호도와 지원율을 높이게 될 것이다. 셋째, 민간의 우수한 인력이 군에 원활하게 유입될 수 있도록 경력직 채용, 파견 근무제, 고용 휴직 확대 등 공무원 조직과 같은 개방형 인사 제도로 전환하고, 여군의 비율을 선진국과 같은 12~15% 수준으로 높이는 등 군인 모집 대상자의 풀을 확대해야 한다. 넷째, 교육훈련, 군수지원, 병영관리, 전산 등 군 업무의 많은 분야를 민간 군사기업에 위탁함으로써 병력을 절약하고 군인들은 전투와 작전에 전념하도록 하여 현

---

157) 그러나 다른 시각에서 바라보면, 비록 현재 시점에서는 모병제 시행 국가들의 낮은 모병 지원율이 일반적 현상이지만, 앞으로 15~20년 후에는 제4차 산업혁명의 신기술들이 고도로 발달하여 산업계, 가정, 공공 부문 등 많은 분야에서 지능형 기계들이 인간을 대체함에 따라 대량의 잉여인력이 발생하여 지원병 모집에 큰 어려움이 없을 것이라는 전망도 있다. 이러한 상황이 되면 군은 국민에게 일자리와 자아실현의 기회를 부여하는 유망한 직종으로 등장할 것이다.

역 군인의 소요를 줄인다. 다섯째, 4차 산업혁명 신기술을 적극적으로 도입하여 전투원의 능력을 증강하고 인력 대신 장비를 활용으로써 병력 절감이 가능하도록 해야 한다. 여섯째, 모병제를 시행하게 되면 현역 미입대자들에 대한 일정 기간의 군사훈련 과정을 시행하여 예비군을 확보하고 국민개병제로서 국민의 국방 의무에 대한 인식이 약화하지 않도록 해야 한다.

여기서 반드시 고려해야 할 것은, Casey Mulligan 시카고대 경제학 교수가 주장하듯이, 첨단무기가 군사력을 결정하므로 그것이 자연스럽게 모병제로 이어지는 것이 가장 이상적이라는 사실이다.[158] 따라서 모병제 논의 이전에 첨단무기 개발이 우선되어야 한다. 이 말은 **기술집약형의 슬림형 병력 구조로 가기 위해서는 이에 필요한 기반 여건이 사전에 조성되어 있어야 한다**는 것을 의미한다. 기반 여건이 조성되지 않은 상태에서의 병력 구조 변화는 조직 운영의 효율성을 저해하고 결과적으로 조직의 성과를 저하시킬 것이다. **기반 여건의 핵심은 장비 및 무기체계의 첨단화와 군 운영의 과학화이다.** 아무리 숙달된 전문 인력이라도 이들이 운용하는 장비나 무기체계, 군 운영체계 등이 과거 수준에 머무른다면 이들의 생산성은 과거의 비숙련 징집병과 큰 차이가 없을 것이다. 따라서 전문인력 중심의 슬림형 병력 구조 건설과 동시에, 이들이 운용할 장비나 무기체계들도 더불어 첨단 과학화되어야 소수의 전문인력으로도 조직이 기대하는 성과를 달성할 수 있다. 만약 그렇지 않다면 자칫 병력만 줄어드는 결과를 낳아 군의 전투력이 저하될 우려가 있다.

---

158) Casey Mulligan, "Ideas, Costs and the All-Volunteer Army," 『New York Times』 (2014. 1. 15.)

마지막으로, 본 연구는 다음과 같은 몇 가지 한계가 있음을 밝힌다. 첫째, 미래의 적정 병력 규모를 판단하기 위해서는 미래의 안보 위협 정도를 예측하는 과정이 선행해야 하나 이는 별도의 전문적인 연구가 필요한 분야로서 본 연구에서는 이를 유보하였다. 따라서 본 연구는 미래의 안보 위협 요소를 상수로 두고 인구와 경제적 변수만을 고려하여, 2022년 병력구조에 바탕을 둔 미래의 병력 충원 모델을 제시하였다. 그 결과 미래의 안보환경 변화에 따라 모델의 타당성이 큰 영향을 받을 수 있다. 둘째, 모델의 적용 가능성을 판단하는데 매우 중요한 요소 중 하나인 장래 인구에 대한 예측의 한계이다. 2018년 출생자 수는 32만 6,900명으로 통계청 예측 35만 7,800명보다 3만 명 이상 적은 수치이며, 도래 시기도 통계청 예측보다 12~21년 빨랐다. 따라서 앞으로 20년 후 즉 2040년 이후의 병역 가용자원을 예측하는 데는 한계가 있음을 밝힌다. 만일 조만간 출생아 수가 예상치 못하게 갑자기 증가하거나, 감소 폭이 인구 추계보다 훨씬 크다면 근본적으로 모델 설계를 원점에서 다시 해야 할 것이다. 셋째, 본 연구에서는 미래의 병력 구조 설계 과정에서 첨단 과학기술의 병력 절감 효과를 반영하지 않았다. 미래의 초지능·초연결 사회에서는 인간의 활동이 인공지능과 기계에 의해 대체됨에 따라 인력의 수요가 현재보다 현격히 감소할 것이라는 주장이 일반적이다. 미래 전쟁도 지능형 자율무기체계 중심의 유·무인 복합전의 형태로 바뀌어 전투원 소요가 이전에 비해 대폭 감소할 것이라고 한다. 그러나 과학기술이 병력 소요를 감소시킬 것, 즉 첨단 무기체계로의 전환이 병력 절감 효과를 가져올 것이라는 인식은 일반적 추론일 뿐 실증적인 연구를 통해 검증된 바 없다. **따라서 병력구조와 병력 규모를 구체화하기 전에 미래의 첨단 과학기술과 병력 절감 간의 상관**

관계에 대한 다양한 실증 연구가 반드시 선행되어야 할 것이다. 이를 위해서는 고대부터 현대에 이르기까지의 역사적 고증을 하거나, 민간 산업현장에서 공정과정의 기계화와 노동력 수요의 관계 분석 결과를 군사분야로 치환하거나, 미래 자율무기체계의 병력 대체효과를 모의 분석하는 등의 추가적인 연구가 있어야 할 것이다.

참고 문헌

1. 한글 단행본 및 논문

곽선조. (2016). 『민간 군사기업의 실태분석을 통한 국내 도입 타당성과 법제화 모색』. 경기대학교 일반대학원 박사학위 논문.

권인숙. (2008). "징병제의 여성참여: 이스라엘과 스웨덴의 사례 연구를 중심으로," 『여성연구』 제74권 제1호.

김강녕. (2104). "이스라엘의 안보환경과 국방정책," 『한국군사하노총』 제3집 제1권.

김광식. (2012). "유럽 병역제도 변화에 따른 한국적 시사점," 『주간 국방 논단』 제1401호.

김기훈. (2016). 『제대군인의 전문성 발휘 제공 방안에 관한 연구: 민간 군사기업을 중심으로』. 대전대학교 대학원 박사학위 논문.

김두성. (2003). 『병역자원제도론』. 병무청.

김민호. (2018). 『모집병 지원 의사와 수용 의사의 결정요인에 관한 연구』. 서울대학교 행정대학원 정책학 석사학위 논문.

김상봉, 최은순. (2010). "국방인적자원의 충원 모델 전환에 따른 사회 경제적 효율성 분석에 관한 연구,“ 『한국 행정논집』 제22권 제1호.

김상진. (2008). 『델파이 기법을 이용한 민간 군사경비업의 도입과 발전과제』. 경기대학교 일반대학원 박사학위 논문.

김승권. (2004). "최근 한국사회의 출산율 저하 원인과 향후 전망," 『한국 인구학』 제27권 제2호.

김엘리. (2016). "여성의 군 참여 논쟁: 영미 페미니스트들의 평등 프레임과 탈군사화 프레임을 중심으로," 『한국 여성학』 제32권 제1호. 한국여성학회.

김종열. (2013). “민간 군사기업의 성장과 대비방향에 관한 연구,” 『한국 군사학논집』 제69권 제1호. 육군사관학교 화랑대연구소.
김중양. (2004). 『한국 인사행정론』. 서울: 법문사.
김창주. (2004). 『통일한국의 병역제도 결정요인에 관한 연구』. 경원대학교 박사학위 논문.
노병만. (2013). “저출산 현상의 원인에 대한 개념 구조와 정책적 검토,” 『대한 정치학회보』 제21집 제2호.
박용준·김현준. (2016). “병역제도 혁신을 위한 모병–징병 간 행태적 차이에 관한 연구,” 『한국 정책학회보』 제25권 제2호.
박찬석 (2006). 『전투력 강화를 위한 병역제도 개선 방안』. 박찬석 의원 정책 자료집 II.
백재옥, 전성진, 이준호 외 9명. (2016).『국방예산 분석·평가 및 중기 정책 방향 (2015/2016)』.국방연구원
오성호. (1998). “공무원의 개방형 임용제도 도입에 관한 연구,” 『사회과학 연구』 제11호. 상명대 사회과학연구소.
우해봉, 한정림 (2018). “저출산과 모멘텀 그리고 한국의 미래 인구변동,” 『보건사회연구』 제38권 제2호. 보건사회연구원.
윤지원. (2016). “모병제 도입, 세계 주요 국가들의 모병제 현황과 대안 모색: 저출산 초고령화 시대, 여군의 역할과 병역 확대,” 『국방과 기술』 제452호. 한국방위산업진흥회.
이내주. (2018). 『전쟁과 무기의 세계사』. 서울: 채륜사.
이상경 외 4명. (2017). “전역군인 일자리 창출을 위한 민간군사기업(PMC) 제도적 도입 및 발전방안 연구” (국방부 전직지원과 정책연구 용역과제). 국방연구원.
이웅. (2017). 『미래 병역제도의 합리적 대안 모색에 관한 연구: 의무병제와 지원병제의 비교를 중심으로』. 서울시립대학교 대학원 행정학과 박사학위 논문.

이유정. (2015). 『민간군사기업(PMCs)의 성립과 그 법률관계에 따른 분쟁의 중재 가능성』. 이화여자대학교 법학과 석사학위 논문.
이홍섭. (2013). "21C 러시아 군 개혁의 배경과 방향: 네트워크 중심전(NCW) 대비," 『슬라브 연구』 제29권 제1호. 한국 슬라브문화 연구원.
정원영. (2003). "병역제도의 진보적 논의 추이에 대한 소고," 『주간 국방논단』제969호. 한국국방연구원.
정원일. (2018). 『민간 군사기업 육성 정책에 관한 연구』. 한남대학교 일반대학원 박사학위 논문.
정주성. (2009). "중장기 병역정책의 발제와 발전방향," 『국방정책연구』제25권 제3호. 한국국방연구원.
정주성 안석기. (2011). "군인 직업성제고의 필요성 및 발전방향, 『주간 국방논단』. 한국국방연구원.
정혜인. (2014). "모병제에 관한 비교법적 고찰," 『법조』 제691호. 법조협회.
조관호, 이현지. (2017). "외국 사례 분석을 통한 미래 병력운영 방향 제언," 『주간 국방논단』 제1657호. 한국국방연구원.
조영식. (2011). "원수정기 로마제국 군대의 장교 운용체계," 『동국사학 50집』.동국역사문화연구소.
조한승. (2013). "21세기 국가와 군의 관계변화 연구: 군인모델의 비교 검토," 『국제관계 연구』 제18권 제2호. 고려대 일민국제관계연구원.
조홍용. (2017). "인구절벽 시대의 병역정책 연구," 『국방 정책연구』 제33권 제4호. 한국국방연구원.
주원, 홍준표, 정민 등. (2018). "2019 한국경제 전망," 『한국 경제주평 813권 0호』.현대경제연구원.
현익재. (2007). "유럽국가의 병역제도 변화와 배경," 『주간 국방논단』 제1135호. 한국국방연구원.
황정훈. (2017). "국방인력의 효율적인 확보를 위한 모병제 도입방안에 대한 법적 검토," 『법이론 실무연구』 제5권 제1호. 한국 법이론 실무학회.

2. 정부 기관 발간물 및 자료

경찰청. (2019). 『2018 경찰 통계연보』.

국방기술품질원. (2017). 『미래전장 무인기술 2050』.

국방대학교 안보문제연구소. (2012). 『2012 범국민 안보의식 여론조사』.

국방부. (1990). 『1988~1990 국방백서』.

국방부. (2010). 『2010 국방백서』

국방부. (2016). 『2014~2016 국방백서』.

국방부. (2018). 『2018 국방백서』.

국방부. (2018). 『2018년도 국방예산』.

국방부. (2018). 『2018 국방통계 연보』.

국방부. (2019). 『2019 국방통계 연보』.

국방부. (2018). "유급 지원병 제도 개선 방안" (국방부 분석자료).

국방부 군사편찬연구소. (2008). 『군사』제68호.

기획재정부. (2018). 『2018~2022년 국가재정운용계획 주요 내용』.

기획재정부. (2019). 『2019~2023년 국가재정운용계획 주요 내용』.

병무청. (2018). 『2017 병무통계연보』.

병무청. (2019). 『2018 병무통계연보』.

병무청 홈페이지 공지사항 (2018. 8. 18). "복무단축 안내 및 단축일수 조견표."

육군 분석평가단. (2016). 『2016 육군비용편람』.

육군 분석평가단. (2017). 『2017 육군비용편람』.

육군 분석평가단. (2012). "병 숙련수준 관련 분석 결과," (육군본부 분석 자료).

인사혁신처. (2018). 『2018년 인사혁신처 통계연보』.

인사혁신처. (2019). 『2019년 인사혁신처 통계연보』.

통계청. "2017년 공공부분 일자리 통계" 보도자료 (2019. 2. 10.)

통계청. "2017 출생통계" 보도자료 (2018. 8. 22.)

통계청. "2018 출생통계" 보도자료 (2019. 2. 27.)

통계청. “2019 출생통계” 보도자료 (2020. 2. 28.)
통계청. “국내통계 자료 (주민등록인구 현황, 병무통계)” (자료 갱신일: 2019. 9.30.)
통계청. “시나리오별 장래인구 추계” (자료 갱신일: 2020. 3. 28.)
통계청. “통계표 국제통계 연감: OECD국가의 주요 지표” (자료 갱신일: 2019. 9. 30.)
통계청. “한국의 차별 출산력 분석,” 보도자료 (2009. 10. 12.)
통계청. e-나라지표 여성가족부. http://www.index.go.kr/main.do?cate=6. (검색일: 2020. 4. 16.)
통계청. “KOSIS 국가통계 지표” (2020. 4. 10.)
통계청. “OECD 국제통계연감” (2020. 4. 10.)
한국 과학기술 기획 평가원. (2017). 『제5회 과학기술 예측조사 (2016~2040)』
한국경제연구원.(2018) “2019년 KERI 경제동향과 전망”
한국경제연구원 보도자료 (2020. 4. 9.)

3. 영문/일어 단행본 및 논문

Alvin and Heidi Toffler. (1993). War and Anti-War: Survival at the Dawn of the 21st Century. Boston: Little, Brown & Company.
Baster, Lawrence M. and William A. Strauss. (1978). Chance and Circumstance: The Darft, the War, and the Vietnam Generation. New York: Knopf.
Bumpass, Larry and Minja Kim Choe. (2003). “Attitudes toward Marriage and Family Life,” in N. O. Tsuya, L. L. Bumpass(eds.) Marriage, Work and Family Life in Comparative Perspective: Japan, South Korea and the United States.

Cebrowski, Arthur K. and John J. Garstka. (1998). "Network-Centric Warfare: Its Origin and Future." U. S. Naval Institute Proceedings.
Croix, de Ste G. E. (1972). The Origins of the Peloponnesian War. London.
DMDC, "DoD Personnel, Workforce Reports & Publications." http://www.dmdc.osd. mil/appj/dwp/ dwp_reports.jsp. (검색일 : 2019. 1. 25.)
Dunigan, Molly. (2010). "Testimony: Considerations for the Use of Private Security Contractors in Future U. S. Military Deployments," RAND Corporation.
Fogarty, Rory. (2010). "Private Contractors in Iraq: Death, Democracy and the American Public 2001-2007," Master thesis of Arts, University College Dublin.
Friedman, Milton. (1962). Capitalism and Freedom. Chicago: University of Chicago Press.
Haltiner, Karl. W. (2003). "The Decline of he Europe Mass Armies," Handbook of the Sociology of the Military. New York: Kluwer Academic/ Plenum Publishers.
Hoffman, Frank G. (2007). Conflict in the 21st Century: The Rise of Hybrid Wars. Potomac Institute for Policy Studies.
Howe, Herbert M. (1998). "Private Security Forces and African Stability: the Case of Executive Outcomes," Journal of Modern African Studies, Vol. 36, No. 2.
IISS (2019). The Military Balance.
Keppie, L. (1998). The Making of the Roman Army. Norman: Oklahoma Univ. Press.
Levi, Margaret. (1998). "Conscription: The Price of Citizenship," in Robert H. Bates, Avner Grief, Margaret Levi, Jean-Laurent Rosenthal and Barry Weingast (eds.), Analytic Narratives. Princeton: Princeton University Press.

Manigart, Philippe. (2003). "Restructuring of the Armed Forces," Handbook of the Sociology of the Military. New York: Kluwer Academic/Plenum Publishers.

Mjoset, Lars and Stephen van Holde. (2002). "Killing for the State, Dying for the Nation: an Introductory Essay on the Life Cycle of Conscription into Europe's Armed Forces," in Lars Mjoset and Stephen van Holde (eds.), The comparative Study of Conscription in the Armed Forces. Amsterdam: JAI Press.

Schwartz, Moshe and Joyprada Swain. (2011). "DoD Contractors in Iraq and Afganistan Background and Analysis," Congressional Research Service Report.

Webster, G. (1974). The Roman Impeiral Army. London: Adam and Charles Black.

日本 防衛省. (2018).『2018年 防衛白書』.

4. 법령

국가공무원법

대통령령 제29180호 공무원 임용령

공무원 임용규칙(인사혁신처 예규)

통합방위법

민방위 기본법.

예비군법.

병역법.

국무총리 훈령 제157호 군인에 대한 의전예우 기준지침(1980. 7. 29.)

5. 신문 기사

강소영. "공무원 정원 65세까지 연장' 4월말 초안 확정," MoneyS. 2015. 1. 22.

강은선. "군병력 감축되면 국방력 떨어질까," 대전일보. 2018. 11. 26.

김관용. "정경두 국방장관, '종전선언해도 군대가야... 모병제 전환, 시기상조'," 이데일리. 2019. 1. 1.

김민희, "유럽에 다시 부는 징병제 바람," 서울신문. 2018. 1. 22.

김성진. "(국방개혁 2.0) 한반도 안보환경 변화, 전력·병력구조 개편," 뉴시스. 2018. 8. 7.

김영석, "국민 10명중 6명 "모병제, 시기상조... 징병제 유지." 국민일보. 2016. 8. 8.

김외현, "대만, 완전 모병제 가능할까," 한겨레신문. 2017. 10. 9.

김은빈, "지원자가 부족해.. 일 자위대," 뉴스핌. 2018. 8. 29.

김준석, "대만 징병제, 67년 만에 역사 속으로..내년부터 모병제" 머니투데이. 2018. 12. 18.

남승우. "바른정당 유승민, 남경필 첫 토론...모병제·연정 공방," KBS News. 2017. 3. 19.

뉴스 1. "국방부, '과학기술 기반 미래국방 발전전략' 본격 추진," 2018. 8. 16.

문경현, "종교적 병역 거부자 앞으론 감옥 안 간다," 중앙일보. 2018. 11. 2.

연합뉴스. "육체노동 가동연한 60세→65세 상향... 정년도 연장되나" 2019. 2. 21.

연합뉴스. "LIG 넥스원·KAIST, 미래전 국방기술 연구센터 개소," 2018. 3. 22.

오마이뉴스. "양심적 병역거부자, 한해 평균 567명" 2016. 10. 9.

오종택. "병사들 껑충 뛴 봉급...," 뉴시스. 2018. 8. 2.

오현근. "(뉴스 리포트) 노인 연령의 기준 놓고 찬반 의견 잇따라," Daily Good News. 2019. 2. 15.

윤석준, "양성평등 문화 성숙한 국가서 여성 징집제 정착," 국방일보. 2018. 8. 10.

윤성민. "월드컵은 '16강', WBC는 '4강', 선물 주듯 마구 뿌린 병역 특례," 중앙일보. 2018. 9. 3.
정용환. "냉전 종식 후 103개국 모병제 시행, 76개국은 징병제 유지," 중앙SUNDAY. 2017. 2. 5.
차정민, "러시아를 위해서라면: 징집제 찬성여론 과반수 넘어," 뉴스워크(한국판). 2017. 3. 14.
최승욱. "군인공제회, 민간 군사기업 시장 진출... 글로벌 기업들과 경쟁할 것," 한국경제. 2015. 11. 27.

인구절벽 시대의

한국군 병력충원과 정책혁신

지 은 이 송윤선

1판 1쇄 발행 2020년 6월 12일

저작권자 송윤선

발 행 처 하움출판사
발 행 인 문현광
편 집 홍새솔
주 소 전라북도 군산시 축동안3길 20, 2층 하움출판사
I S B N 979-11-6440-152-9

홈페이지 http://haum.kr/
이 메 일 haum1000@naver.com

좋은 책을 만들겠습니다.
하움출판사는 독자 여러분의 의견에 항상 귀 기울이고 있습니다.

이 도서의 국립중앙도서관 출판예정도서목록(CIP)은 서지정보유통지원시스템 홈페이지(http://seoji.nl.go.kr)와
국가자료종합목록 구축시스템(http://kolis-net.nl.go.kr)에서 이용하실 수 있습니다. (CIP제어번호 : CIP2020021494)

· 값은 표지에 있습니다.
· 파본은 구입처에서 교환해 드립니다.